끝까지 해내는 아이의
50가지 습관

노벨경제학상 수상자가 밝혀낸 성취와 행복의 비밀

끝까지 해내는 아이의 50가지 습관

오카자키 다이스케 지음

송지현 옮김

또다른우주

들어가는 말

실패가 두려워서 행동하지 못한다, 금방 포기한다, 딱히 하고 싶은 일이 없다, 친구들에게 먼저 다가서지 못한다, 끝까지 하는 것이 없다…. 이런 모습을 본 적이 있나요?

'네가 하고 싶은 일을 포기하지 마.' 아이들에게 이 말을 해주고 싶어 책을 쓰게 되었습니다.

저는 초등학생 시절 뭐든 쉽게 포기하고, 처음부터 시도를 잘 하지 않는 아이였습니다. 좋아하는 아이가 있어도 '괜히 말 걸어봤자 불편해할 거야'라고 생각하고 말조차 붙이지 못했습니다. 농구부에 들어가고 싶었지만 '발이 빠르고 키가 큰 사람이 많으니까 어차피 난 시합에 못 나갈 거야'라는 생각에 지원하지 못했어요. 공부 말고는 자신이 없었습니다. 늘 주변 사람들의 표정을 살피며 하고 싶은 말을 못 하고, 하고 싶은 일도 못 했습니다. 학교가 재미없었지요.

명문 사립중학교에 합격해서 이젠 인생이 바뀔 것이라 믿었지만 같은 일이 반복되었습니다. 바라고 바라던 농구부에 들어갔지만 아무리 연습해도 시합에는 나갈 수 없었습니다. 그럴 수밖에요. 실패하는 게 싫어서 자신 있는 동작만 연습하고 선배의 충고를 들으려 하지 않았으니까요. 연습이 왜 필요한 것인지 생각해 보지도 않고, 주위나 환경만 탓하며 늘 '변명'을 늘어놓았어요.

고등학교 2학년 여름, 결국 그토록 좋아했던 농구를 그만두었습니다. '농구는 적성에 맞지 않아. 재미없으니까 그만둘 거야.' 그렇게 스스로에게 변명하며 사실은 정말 하고 싶은 일에서 도망치고 말았습니다. 그 후로 어떤 것도 계속하지 못했습니다. 끈기 있게 버티지 못하고 바로 포기하는 바람에 바라던 결과를 얻을 수 없었지요. 그런 제 모습이 정말 싫었습니다.

대학에 입학했습니다. '더 이상 자포자기하고 싶지 않아! 이게 마지막 기회야!' 사회로 나가기 전에 주어진 마지막 기회라고 생각했어요. '아무것도 못 하는 나를 졸업하고 싶어.' '열심히 하면 된다는 것을 사람들에게 증명할 거야.' 이렇게 각오를 다지고 라크로스부에 들어갔습니다. 라크로스(크로스라는 라켓을 사용하는, 하키와 비슷한 구기 운동 – 옮긴이 주)는 대학에 입학한 후 시작하는 사람이 많은 스포츠라 모두 같은 출발선에 서 있는 셈이었어요.

'이번에야말로 절대 도망치지 않고 내 진짜 힘을 발휘해보겠어!' 태어나서 처음 스스로 인생을 결정한 순간이었습니다.

어떤 선수가 되고 싶은지 머릿속에 그리며 어려운 동작에도 도전했습니다. 훈련 일기를 써서 개선할 점을 분석하기도 했어요. 선배와 코치에게 조언을 구했습니다. 저뿐만 아니라 팀의 목표를 이루기 위해서는 무얼 해야 하는지 생각하며 최선을 다해 팀의 승리를 위해 노력했습니다. 제가 속한 팀은 전국 3위에 올랐고, 저 역시 베스트 10 선수로 선정되었습니다.

스포츠를 통해 얻은 힘은 사회에서도 효과를 발휘했습니다. 희망하던 글로벌 제약회사에 취직했습니다. 대학 시절에 배운 '자신을 믿는 힘', '약속을 지키는 힘', '결과가 나올 때까지 반복하는 힘'은 사회에서 일을 하는 데도 도움이 되었습니다. 우수한 실적으로 상을 받고, 해외 연수 자격도 얻었어요.

인생의 다양한 순간에 일이 아닌 분야에서도 바라던 일들이 이루어졌습니다.

- 영어 실력이 형편없는 상태에서 5년간 공부해 미국 대학원 합격.
- 회사원 시절 5년간 1억 5천만 원 저축.
- 라이프 스킬을 가르치는 학교 PETERSOX 설립(회원 수 약 1,000명).
- 미국 교육단체의 우수코치상 수상(2013 COACH OF THE SUMMER).
- 7년간의 지역 교육 활동으로 '최고의 (40대 이하) 청년 활동가 20인' 중 한 명으로 선정.

저는 대학 시절 경험한 스포츠 활동을 통해 다시 태어났습니다. 뭐든 쉽게 포기하는 아이에서 끝까지 해내는 아이로 변할 수 있었어요.

어떻게 이런 변화가 가능했을까요? 그것은 바로 스스로 결정했기 때문입니다. 그 전에는 부모님의 말씀에 따라 중학교 입시를 보고 농구부 감독님이 시킨 대로 연습을 했을 뿐 제 머리로 생각해서 스스로 결정한 적이 없었습니다. 이미 마련된 코스를 따라갔던 것이지요. 그러니 잘 풀리지 않을 때는 늘 변명을 늘어놓으며 남을 탓했습니다.

하지만 대학 시절 라크로스를 시작하고 나서는 '주전으로 뽑혀 활약하기 위해 최선을 다하자!'라고 스스로 결정했습니다. 매일 어떤 연습을 할지 고민하고, 나 자신과의 약속을 지켜나갔지요. 스스로를 조금씩 믿을 수 있게 되면서 해본 적 없는 일에도 도전했어요. 변명하느라 급급하지 않고 남 탓도 하지 않으며 끝까지 집중했습니다.

대학 시절 스포츠를 통해 얻은 힘, 그것이 바로 이 책에서 여러분에게 전하고 싶은 **'비인지능력'**입니다.

비인지능력이란?

비인지능력(라이프 스킬)은 **학교 시험으로 측정할 수 없는, 눈에 보이지 않는 능력**입니다.

저는 세계 최대 규모의 라이프 스킬 교육기관인 퍼스트티First Tee

에서 일했습니다. 퍼스트티는 골프를 통해 어린이와 청소년에게 인생에서 필요한 가치들을 가르치는 프로그램을 운영합니다. 'tee'는 골프에서 공을 치기 전에 올려 놓는 받침대를 뜻하죠. 제가 운영하는 학교, PETERSOX에서는 퍼스트티의 철학에 따라 비인지능력을 네 가지로 분류합니다.

1. 나 자신과 연결되는 힘Self Management

   내 감정과 사고, 강점과 약점을 이해하고 자신을 소중히 여길 수 있는 능력. 자기인식, 자기긍정감, 자기효능감(나는 할 수 있다고 생각하는 감각)

2. 타인과 연결되는 힘Interpersonal

   주변 사람들과 좋은 관계를 쌓는 능력. 의사소통 능력, 공감력, 팀워크

3. 꿈을 실현하는 힘Goal Setting

   내가 결정한 목표를 달성하는 능력. 계획성, 창조성, 행동력

4. 문제를 해결하는 힘Resilience

   문제나 난관에 적절히 대처하는 능력. 자제심, 사고력, 감정조절 능력/회복탄력성

인지능력이란 IQ나 학습 능력처럼 눈에 보이는 능력입니다. 계산능력, 한자 지식처럼 시험 등으로 측정할 수 있는 기술이 인지능력이지요. 이제까지 교육은 학력을 높이는 인지능력 향상에 치우쳐 있었습니다. 그러나 전 세계적으로 비인지능력을 신장시키는 방향으로

교육의 흐름이 바뀌고 있습니다. 학교 수업 역시 선생님이 말하는 것을 단순히 받아쓰는 일방통행 수업에서 **스스로 생각하고 함께 대화하는 쌍방향 수업**active learning으로 변화하고 있습니다.

비인지능력이 사회적 성취와 행복을 좌우한다

왜 지금 비인지능력이 주목받을까요? 미시계량경제학 분야 분석기법에 관한 업적으로 2000년 노벨경제학상을 수상한 시카고대학교 제임스 헤크먼James J. Heckman 교수의 유아 교육 연구가 시발점입니다. 연구 결과에 따르면 유소년기에 비인지능력을 계발하는 교육을 받은 아이들은 그렇지 않은 아이와 비교해 수십 년 후 '진학률', '평균 소득', '범죄율 등 문제 행동'에서 크게 나은 결과를 보여주었습니다.

또한 IQ를 높이기 위한 주입식 조기 교육은 장기적인 학습 능력 향상으로 이어지지 않는다, 비인지능력을 높이면 학력을 비롯한 인지능력도 함께 향상된다(반대는 성립하지 않음), **비인지능력은 어떤 연령대에서도 개발할 수 있다, 비인지능력(끝까지 해내는 힘)이 높은 사람일수록 삶의 만족도가 높고 정서적으로 건강한 생활을 할 수 있다**와 같은 내용이 관련 연구에서 밝혀졌지요.

물론, 학습 능력과 전문지식 같은 인지능력은 중요합니다. 하지만 아무리 좋은 학교에 입학해도, 아무리 이른 나이에 많은 자격증을 취득해도, **비인지능력이 낮으면 공부로 익힌 전문지식과 기술을 사회에서 발휘할 기회를 얻기 힘듭니다.**

비인지능력을 높이려면?

이 책에서는 아이의 비인지능력을 높이기 위해 부모가 할 수 있는 일을 소개합니다. 지금까지 만 명이 넘는 아이들을 만나오며 비인지능력을 계발함으로써 많은 아이가 '쉽게 포기하는 아이'에서 '끝까지 해내는 아이'로 바뀌는 것을 보아왔습니다. 부모가 먼저 포기하지 않고 현명한 양육법을 실천하면 자신을 믿고, 새로운 일에 도전하며, 끝까지 포기하지 않는 아이로 성장할 가능성이 열립니다.

모든 아이는 '포기하는 아이'에서 '**끝까지 해내는 아이**'로, '나는 못해'에서 '**나라면 할 수 있어**'로, '어른이 되기 싫어'에서 '**어른이 되는 게 기대 돼**'로 바뀔 잠재력이 있습니다. 이 책을 통해 여러분이 자신에게 맞는 교육법을 발견하길 바랍니다. 여러분의 매일이 즐거워지고, 자녀의 인생이 더욱더 빛난다면 그보다 기쁜 일은 없을 것입니다.

비인지능력 체크 리스트

'쉽게 포기하는 아이'의 행동 습관

☐ 실패를 두려워한다.
☐ 늘 다른 아이와 비교한다.
☐ 또래 아이들 사이에 잘 끼지 못한다.
☐ 변명을 자주 한다.
☐ 딱히 하고 싶은 일이 없다.
☐ 새로운 일에 도전하지 않는다.
☐ '난 못 해'가 입버릇이다.
☐ 수업 중에 손을 들고 발표하지 않는다.
☐ 숙제를 마지못해 한다.
☐ 무엇을 하든 금방 그만둔다.

'끝까지 해내는 아이'의 행동 습관

☐ 실패를 두려워하지 않는다.
☐ 남들의 평가를 크게 신경 쓰지 않는다.
☐ 먼저 친구를 모아서 무엇을 하고 놀지 생각한다.
☐ 스스로 생각해서 스스로 결정한다.
☐ 장래에 기대를 품고 있다.
☐ 자진해서 새로운 일에 도전한다.
☐ '나는 할 수 있어'가 입버릇이다.
☐ 자기 의견을 당당히 말한다.
☐ 시키지 않아도 즐겁게 숙제한다.
☐ 결정한 일은 끝까지 해낸다.

'쉽게 포기하는 아이'의 행동 습관에 체크했더라도 안심하세요. '들어가는 말'에서도 말했듯 비인지능력은 부모가 관심을 기울이면 아이의 연령에 상관없이 높일 수 있습니다. 어릴수록 효과가 높지만, 늦은 나이는 결코 없습니다.

차례

생활습관

공부습관

목표 설정

대인관계

문제 대응

자기긍정

1

01

늘 기분이 좋은 편이다

가장 먼저 말씀드리고 싶은 것은 이것입니다.

"내 기분을 돌보는 것보다 중요한 일은 없다."

제가 하는 모든 일의 중심에 있는 인생철학입니다. "더 중요한 일이 있을 텐데." "너무 자기중심적이야." "그런 태도로는 다른 사람들과 부딪히지 않을까?" 이런 의견도 있을 수 있어요. 하지만 내 기분을 좋게 유지하는 것이 우선입니다. 기분이 좋고 에너지가 충만해야 다른 중요한 일들도 할 수 있기 때문이죠.

쉽게 포기하는 사람들은 기분이 나쁠 때가 많습니다. 지루해하고 불만을 내뱉으며 먼저 움직이려 하지 않아요. 이런 상태로는 모든 것이 자기와 상관없는 일 같으니 의욕도 생기지 않습니다.

끝까지 해내는 사람들은 늘 기분이 좋습니다. 눈빛이 반짝반짝 빛나며 넘어져도 다시 일어납니다. 즐거운 일을 스스로 발견하고, 주변 사람들의 목소리조차 들리지 않을 정도로 '지금 이 순간'을 즐기지요. 누가 뭐라든 자기 일에 푹 빠져서 실패를 두려워하지 않고 한 발 한 발 앞으로 나아갑니다. **'좀 더 알고 싶다', '좀 더 하고 싶다'는 호기심에 가득 차서 시키지 않아도 적극적으로 행동하는 거예요.** 그러니 스트레스를 별로 느끼지 않고 마음먹은 일을 계속할 수 있습니다.

어떻게 해야 기분이 좋아질까요?

간단합니다. 지금 이 순간 바라는 일을 최대한 실현해서 즐거움을 느끼면 됩니다. 물을 마시고 싶으면 마시고, 책 읽기 피곤하면 쉽니다. 발바닥이 간지러우면 긁고요. 작은 일이어도 좋으니 되도록 자주 행동으로 옮겨야 합니다. 그러면 '나는 내가 바라는 일을 해도 되는구나', '행복해져도 되는구나', '내가 바라는 일을 할 수 있는 능력이 있구나'라는 감각이 자라납니다. 스스로를 긍정하는 발판이 마련되는 거예요.

부모로서 해줄 수 있는 일은 아이의 기분을 존중해주는 것입니다. 예를 들어 아이가 '이제 그 학원은 그만 다니고 싶어'라고 말했다면 '그러지 말고 조금 더 다녀 봐라' 하며 등을 떠미는 대신 우선 아이가 지금 어떤 기분인지 이해해 봅니다.

"이제 그 학원은 그만 다니고 싶어."

"이제 그만하고 싶어? 재미없어졌니?"

"응. 연습을 많이 했더니 질렸어."
"반복해서 연습하느라 질려서 하기 싫은 거구나."
"맞아. 이제 끊을래."

이처럼 **아이의 기분을 비추는 거울**이 되어서 아이의 기분을 언어화하는 것이 핵심입니다. 그 기분에 공감해준 후, 계속할지 말지는 다음 예시처럼 아이를 존중하며 함께 생각해 보세요.

"그만두고 싶은 마음을 솔직하게 알려줘서 고마워. 물론 지금 당장 그만둘 수도 있지만, 좀 더 해보면 재미를 발견할 수도 있으니까 조금만 더 다녀 보면 어떨까? 엄마, 아빠도 지켜볼게. 어떻게 생각하니?"

아이의 기분을 존중하는 것만큼 **부모가 자신의 기분을 존중하는 것**도 중요합니다. 감정을 억누르고 참기만 하면 부모의 기분이 나빠져서 여유를 가지고 아이를 대하기 힘들어지지요.

독자적인 질문법을 개발한 작가 마쓰다 미히로가 발견한 샴페인 타워의 법칙을 아시나요? 샴페인 타워는 결혼 피로연 같은 자리에 자주 등장하는 이벤트입니다. 샴페인 잔을 피라미드 모양으로 쌓아 올린 다음 맨 위의 잔부터 샴페인을 따르는 거예요. 맨 위는 내 잔이고, 그 밑의 잔이 가족, 또 그 밑의 잔이 친구나 주변 사람 것이라면 어디부터 샴페인을 따라야 한다고 생각하세요?

이 샴페인 타워는 가장 위에 있는 내 잔을 채우지 않으면 완성할 수 없습니다. 가장 위에 있는 내가 충족되면 스스로를 희생하지 않고도 주위의 소중한 사람들을 행복하게 만들 수 있어요. 부모가 웃으면 아이의 기분도 좋아집니다. 우선 **내 기분을 좋게 만들어야 합니다.** 그보다 중요한 일은 없으니까요.

☞ **끝까지 해내는 아이의 부모는 우선 자신의 마음을 돌본다!**

02

"한번 해볼까? 할 수 있을 것 같아."

"어차피 못 해." "어차피 질 거야." "어차피 실패할 거야." 쉽게 포기하는 사람들은 무슨 일을 하든 '어차피…'라는 걸림돌에 부딪힙니다. 실패하는 모습과 느낌이 머리와 마음을 가득 채워서 아예 시도하지 않습니다. 이런 일이 반복되면 점점 더 도전하기 어려워집니다.

어릴 적 제가 바로 그런 아이였어요. 농구는 제가 너무나 좋아하는 운동이었지만 아무리 노력해도 주전으로 뽑히지 못했습니다. 그러다 보니 노력하면 잘할 수 있을 거라는 자신감도 잃고 말았어요. 노력해도 안 된다고 생각하면 앞으로 나아갈 수 없습니다. 이런 현상을 심리학에서 **코끼리 사슬 증후군**이라고 부릅니다. 아기 때 발목을 늘 묶어 놓았던 코끼리는 성장한 후 사슬을 풀어 놓아도 주변에서 벗어나지 못합니다. '학습된 무기력' 때문에 실제로는 제약이 없는데도 심리적

사슬에 여전히 묶여 있는 것입니다. 마음속에 '할 수 없다'고 한계를 정해 버리면 다시는 도전하지 않게 됩니다.

실제로 어떤가보다 어떻게 생각하느냐가 더 강력합니다. 해보기 전에는 실제로 가능한지, 그렇지 않은지 알 수가 없으니까요. 능력의 유무나 지능의 높고 낮음은 상관없습니다. 근거가 없어도 됩니다. **자신을 어떻게 생각하느냐가 그 사람의 자신감을 형성하고 앞으로 나아갈 힘을 주는 것입니다.**

끝까지 해내는 사람들은 기본적으로 낙관적인 태도가 있습니다. 할 수 있을 것 같은 기분이 드니까 새로운 일을 거침없이 시도합니다. 실패에 대해 과도하게 불안해하지 않습니다. 일단 해보자는 사고방식이에요. 끝까지 해내는 사람들은 패배해도 바로 일어서고 실패해도 좋은 경험으로 받아들이는 강한 회복탄력성을 지니고 있습니다.

낙관주의와 자신감은 사회생활에서 매우 중요합니다. 미래에 우리 아이들을 기다리고 있는 일들은 이제까지 한 번도 해본 적 없는 것들이에요. 예전에 해본 일에만 자신감을 가질 수 있다면 할 수 있는 일은 크게 제한될 수밖에 없습니다. 앞을 읽을 수 없는 시대에 새로운 변화에 대응하고 능력을 발휘하기 위해서는 해본 적 없는 일, 성공한 적 없는 일에 도전하며 한 발 한 발 내디딜 수 있는 '할 수 있을 것 같아!'라는 마음가짐이 중요합니다.

아이에게 낙관주의와 자신감을 키워주는 방법 세 가지를 소개합니다.

첫째, 아이의 요구를 조건 없이 수용한다.

'슬픈 일이 있을 때 내 이야기를 잘 들어주었다.' '문제가 생겼을 때 도움을 받았다.' '배가 고플 때 즉시 밥을 먹을 수 있었다.' 이같이 바라는 바가 받아들여지는 상황을 실제로 체험하는 것이 중요합니다. '보호받고 있다', '바라면 이루어진다'는 경험이 쌓여 아이의 마음을 지탱해주는 발판이 됩니다. **'무슨 일이 생겨도 괜찮아!'**라는 느낌을 늘 갖게 됩니다.

둘째, 아이의 능력을 진심으로 믿는다.

가장 가까운 곳에 있는 부모가 아이를 믿어주는 것이 중요합니다. 이 믿음에는 조건을 달지 않아야 합니다. 이제껏 해보지 않은 일, 성공한 적 없는 일이라도 아이에게 하겠다는 마음이 있다면 간섭하지 말고 지켜보세요. 설령 실패하리라는 것을 알고 있어도 말입니다. 치명적인 실패, 돌이킬 수 없는 실패가 아니라면 괜찮습니다. 지난날은 접어 두고 '이 아이는 최선을 다할 거야. 하면 할 수 있는 아이야. 지금은 잘 안 풀려도 언젠가 반드시 잘할 거야'라는 마음으로 아이를 믿어주세요.

물론 어려운 일입니다. 저 역시 그랬습니다. 어릴 때부터 아이를 보아 온 부모이니만큼 어떻게 될지 간단히 예측할 수 있지요. 미래가 뻔히 보이니까 아이가 슬퍼하는 것도 싫고 부모 자신도 실망하고 싶지 않아서 시작도 하기 전에 "어차피 안 될 거야. 지난번에도 금방 그만됐잖아"라는 말이 나올 뻔한 적도 있을 거예요.

하지만 바로 그 말이 아이의 자신감을 떨어뜨리는 가장 큰 원인입니다. 신뢰하는 부모님과 선생님이 믿어주지 않으면 아이도 스스로를 믿을 수 없게 되니까요. 아이 가까이에 있는 어른들이 그 아이를 어떻게 보고 얼마나 믿는가에 따라 아이의 자신감이 좌우됩니다.

셋째, 근거를 모은다.

낙관주의와 자신감도 중요하지만, 작은 성공 경험을 쌓아서 근거를 만들어가는 것 역시 중요합니다. 새로운 기술을 익힐 때나 조금이라도 나아졌을 때는 바로 격려해주세요. "새로운 한자를 세 개나 외웠네! 숙제를 꼬박꼬박 열심히 한 게 도움이 되었나 봐." "지난번 시합보다 세 골이나 더 넣었네! 지난주에 정말 열심히 연습했잖아." 이렇게 노력이 결과로 이어졌음을 말로 표현해서 전달하면 좋습니다. 이런 과정을 통해 '할 수 있을 것 같다'는 자신감이 점점 자라게 됩니다.

☞ **끝까지 해내는 아이의 부모는 '하면 된다'고 진심으로 믿는다!**

03

결점을 인정한다

실패를 숨긴다. 지기 싫으니까 얕은수를 쓴다. 시험 점수를 속인다….

쉽게 포기하는 사람들은 잘하지 못하는 일이나 실수를 숨기려고 합니다. 결점을 남에게 들키는 것이 싫기 때문이에요. 그래서 거짓말하고 얼버무리며 잘못을 인정하려 하지 않습니다. 반대로 성공했을 때는 이것 좀 보라며 과시하지요.

혼나고 싶지 않고 미움받고 싶지 않습니다. 칭찬받고 싶고 인정받고 싶고요. 자신의 좋은 점만 보여주고 싶은 거예요.

인정받고 싶고 좋은 평가를 받고 싶다는 마음은 누구에게나 있는 자연스러운 욕구입니다. 하지만 이런 마음이 지나치면 문제를 보고도 못 본 척하거나 실수를 남의 탓으로 돌리게 되지요. 칭찬받고 싶어서 규칙을 무시할 때도 있어요. **자신의 결점을 받아들이지 못하면 스스로**

를 인정할 수 없습니다. 자기 자신이 싫어지고 인간관계에서도 문제가 생기지요. 스스로를 인정하지 못하는 사람은 타인 역시 진심으로 인정할 수 없습니다. 우선 자기가 인정받는 데 급급하니까 남을 인정할 여유가 없는 거예요.

끝까지 해내는 아이는 자신을 있는 그대로 사랑합니다. 실패해도 얼버무리거나 꾸미지 않고 자기를 있는 그대로 표현하지요. 완벽하게 해내지 못해도 신경 쓰지 않습니다. 생각처럼 되지 않아도 거기서 배우고 한 발 앞으로 나아갑니다.

어떻게 이처럼 자기 자신을 사랑할 수 있을까요? 바로 결점이 있는 자신을 조건 없이 지지해주는 존재가 있으면 가능합니다.

방과후학교를 막 시작했을 무렵 저는 저도 모르게 아이들에게 점수를 매기고 있었습니다. 제가 바라는 바를 제대로 수행하는 아이는 좋은 아이고, 기대대로 행동하지 않는 아이는 나쁜 아이라는 식이었어요.

정확한 영어 발음을 가르쳐야 하고, 바른 자세를 익히게 해야 하고, 보호자들의 기대에 부응해야 한다는 생각에 빠져 눈에 보이는 결과에만 정신이 팔렸던 것입니다. 그러다 보니 아이들도 반드시 성공할 수 있는 간단한 일이 아니면 도전하지 않았습니다. 수업 중에 손을 들지 않게 되었고, 자기 의견을 말하지 않게 되었어요. 스스로 생각하기를 포기하고 선생님의 머릿속에 있는 정답이 무엇인지 눈치를 봤습니다. 칭찬받기 위해. 인정받기 위해.

저는 결심했습니다. **학습 태도와 성취도를 평가하기 전에 아이를 있는 그대로 받아들이자**고. 사람에게는 좋은 면도 있고 나쁜 면도 있습니다. 잘하는 일도 있고 못하는 일도 있어요. 하지만 약점이라고 생각했던 부분이 강점이 되기도 합니다. 그러니 우선 아이들의 전부를 받아들이자고 생각했습니다.

어머니가 언제나 제게 해주셨던 일이기도 합니다. 초등학교 시절 따돌림을 당해 친구를 잃고 사는 것이 너무도 괴로워졌을 때, 마지막까지 견딜 수 있었던 것은 어머니가 계셨기 때문입니다.

"최선을 다하고 있구나." "엄마는 네가 있어서 정말 기뻐." "너는 반드시 큰 인물이 될 거니까 열심히 공부하렴."

늘 내 편이 되어 주는 어머니가 있어서 힘들어도 학교에 다녔고 조금 더 살아보자는 희망을 품을 수 있었습니다.

이런 제 어머니 같은 존재를 심리학에서는 '**안전기지**'라고 합니다. 어떤 경우라도 저를 부정하지 않고 지켜주는 존재입니다. 이렇듯 안심할 수 있는 보호막이 있으면 자기 결점을 정면으로 응시할 수 있습니다. 껍데기를 깨고 새로운 일을 향해 나아갈 수 있어요.

부모가 아무리 노력한다 해도 억지로 재능의 꽃을 피우게 할 수는 없습니다. 부모가 할 수 있는 것은 안심하고 지낼 수 있는 안전한 기지를 만들어주는 거예요.

결점은 부족한 부분이 아니라 그 아이에게만 있는 개성입니다. 걱정하지 말고 믿어주세요. 그리고 기다리세요. 그러면 언젠가 아이는 최적의 시기에 자신의 꽃을 피울 것입니다.

☞ **끝까지 해내는 아이의 부모는 언제나 아이의 편이다!**

04

어른이 된 미래를 기대한다

"계속 아이였으면 좋겠어요."

어느 날 수업 시간에 아이들에게 "어른이 되고 싶은 사람 손 들어 보세요"라고 말했습니다. 눈앞에 있는 20명의 아이 중 한 명도 손을 들지 않았습니다. 놀라는 한편으로, 저 역시 어린 시절 같은 생각을 했음이 떠올랐습니다. 앞날에 대한 꿈도 희망도 없었고, 어떤 어른이 될지 생각하지도 않았습니다.

어른이 되는 걸 두려워하는 아이들이 있습니다. 어른이 되어서 하고 싶은 일이 있는 것도 아니고, 그저 막연히 불안하지요. 무엇보다 앞으로의 일을 그렇게 깊이 생각해 본 적이 없습니다. 주어진 일을 매일 하고 있을 뿐이에요.

"어, 정말? 왜 어른이 되고 싶지 않나요?" 아이들에게 물어보니 다양한 의견이 나왔습니다. 정리해보면 '돈 벌기 힘들 것 같다'와 '자신이 없다'가 가장 큰 이유였습니다. 저는 어떻게든 이 상황을 바꾸고 싶었습니다.

아이들이 어른이 되는 것에 희망을 품길 바랍니다. 일하는 것에 꿈을 품길 바랍니다. 그 꿈과 희망이 지금을 살아가는 원동력이 되니까요. 나아가면 나아갈수록 고통스러워지는 미래로는 아무도 가고 싶지 않을 거예요. 즐거운 미래가 기다리고 있고, 하고 싶은 일이 기다리고 있을 때 힘을 낼 수 있습니다. 노력하면 내가 바라는 모습이 될 수 있을 때, 하고 싶지 않은 일도 하고 싶은 일로 바뀔 수 있습니다. 그래야 도중에 그만두지 않고 끝까지 해낼 수 있지요.

저는 진심으로 아이들이 '어른이 되는 것이 기대된다'고 말할 수 있는 환경을 만들어주고 싶습니다. 그러기 위해서 다음 세 가지를 제안합니다.

첫째, 프로와 교류할 수 있는 시간을 만든다.

"최고의 교육은 그 분야에서 대성한 어른이 일하는 모습을 보여주는 것이다." 마이클 잭슨의 말입니다. 제가 어렸을 때는 어른을 만날 기회가 별로 없었어요. '어른' 하면 떠오르는 이미지는 '자기가 하고 싶은 것을 미루거나 포기한 채, 만원 전철을 타고 회사에 가서 가족을 위해 일하는 사람'이었습니다. TV 드라마의 영향이었어요.

하지만 어른이 되고 깨달았습니다. 프로라고 불리는 사람들은 굉

장히 신나게 일한다는 사실을 말이에요. 하고 싶은 것을 실현하기 위해 동료와 힘을 합치고 시행착오를 거치며 최고의 제품이나 서비스를 만들어냅니다. 많은 사람에게 사랑과 감사를 받으며 기쁨으로 가득한 일상을 보내고 있지요. 그리고 내 어린 시절에도 주변에서 자신의 일과 인생에 긍지를 느끼며 사는 어른이 많았다는 것을 알게 되었습니다.

아이처럼 눈을 빛내며 살아가는 어른과 소통할 기회를 만들어주는 것이 중요합니다. 지역 행사에 참가하거나 동네 시장에서 물건을 사보는 것만으로도 큰 자극이 됩니다. 도서관이나 서점에서 개최하는 저자 강연회에 참석하는 것도 좋습니다. **꿈을 향해 매일 온 힘을 다해 움직이는 어른과 교류하면 아이 역시 자신의 미래를 스스로 만들어갈 영감을 얻을 수 있을 거예요.**

둘째, 아이에게 선택권을 준다.

특별한 이유 없이 미래에 불안을 느끼는 아이에게는 스스로 결정할 기회를 늘려주는 것이 중요합니다. 자잘한 일도 어른이 다 결정하거나, 문제가 생기면 바로 도와주지 말고, 아이가 결정할 기회를 만들어주세요. 아이가 "어떻게 해?"라고 물어봐도 의견을 말하기 전에 "네 생각은 어때?"라고 되물어보세요. 아이의 의견을 들어 보고 덧붙일 것이 있을 때 정보를 주는 것은 좋습니다. 하지만 어디까지나 "결정하는 것은 너 자신이야"라는 입장을 지키세요. 자신의 생각이 존중받고 있다는 느낌만으로 자기긍정감이 높아집니다. 도움을 받지 않고 해냈다는 성취감은 보이지 않는 미래로 나아갈 힘이 되어 줍니다. 우선은 "오늘 어떤 옷을 입을래?"처럼 작은 일부터 아이에게 선택권을 주세요.

셋째, 양육자가 매일매일 즐겁게 산다.

아이에게 가장 가까운 어른은 바로 부모입니다. 부모가 즐겁게 돈을 벌고 즐겁게 집안일과 육아를 하며 살아간다면 '어른은 좋은 건가 봐'라는 생각이 들겠지요. 아이가 성장하길 바란다면 우선 **아이를 키우는 여러분의 인생이 어떻게 해야 즐거워질지 생각해 보세요.** 작은 일이어도 좋으니까 하고 싶은 일을 찾아서 도전해보세요. 여러분의 즐거운 일상이 여러분이 입으로 하는 말보다 훨씬 더 큰 메시지가 되어 아이의 마음에 닿을 거예요. 하고 싶은 일이 있다면 참지 마세요. 불가피한 상황이 아니라면 어른도 희생하지 않고 자신의 인생을 마음껏 누리세요.

☞ **끝까지 해내는 아이의 양육자는 인생을 즐겁게 살아가는 어른의 모습을 보여준다!**

05

스스로 결정한다

"행복도를 올리는 것은 소득이나 학력이 아닌 '자기결정'이다." 2018년 고베대학에서 2만 명을 대상으로 실시한 연구조사 결과입니다. 부모의 기대대로 좋은 대학에 가서 좋은 회사에 입사해도 아이가 스스로 결정한 일이 아니면 행복하지 않을지도 모릅니다.

자기결정력이 높아지면 자기가 하겠다고 결정한 일을 책임감 있게 끝까지 해내게 됩니다. 부모가 지시하거나 감시하지 않아도 스스로 생각해서 행동할 수 있게 되지요. 만족스러운 결과가 나오지 않더라도 스스로 결정한 일이니까 쉽게 포기하지 않습니다. 어떻게 해야 성공할 수 있는지 고민하고, 시행착오를 반복합니다. 설령 부모의 기대처럼 이루어지지 않았다 해도 아이가 결정하고 실행한 일이라면 행복해질 가능성이 높아집니다.

아이의 자기결정력을 높이는 세 가지 방법을 소개합니다.

첫째, 방해하지 않기, 간섭하지 않기, 답을 알려주지 않기.

이것이 기본 3원칙입니다. 아이가 흥미를 갖고 하려는 일을 방해하지 않습니다. 실패할 것 같아도 조용히 지켜보세요. '이렇게 하면 더 잘 될 텐데'라는 것을 알아도 참으세요. **스스로 생각해 보고 실패한 경험에서 아이는 많은 것을 배웁니다.**

둘째, 선택한 이유를 묻는다.

예전의 저처럼 쉽게 포기하는 아이는 주위의 의견에 휩쓸리거나, 잘못된 믿음 때문에 별생각 없이 결정하기도 합니다. 평소에 아이가 선택한 것에 대해 "왜 그렇게 생각해?", "어째서 그쪽이 낫다고 생각했어?" 하고 물어보는 것이 좋습니다. **아이의 의견을 부정하지 않는 것이 핵심입니다.** 자신의 생각이 받아들여지지 않으면 더이상 자기 힘으로 생각하지 않으니까요. 그저 정답만 기다리는 사람이 됩니다. 엉뚱한 의견이라는 생각이 들어도 일단 그 의견을 인정해주세요.

아이에게 생각할 시간을 충분히 준 후에 "하지만 ○○하면 ○○하게 될 텐데 어떨까?" 하고 다른 가능성을 일깨워주는 것은 괜찮습니다. 그러면 아이는 다시 생각해 보고 좀 더 정돈된 대답을 내놓게 되겠지요. 물론 마지막에 결정하는 것은 아이입니다.

이유를 물어보았더니 "잘 모르겠어"라고 하거나 생각에 잠겨 곤란

한 표정을 짓는다면 "그럼, 나중에 생각나면 얘기해 줘"라고 대수롭지 않게 넘어가세요. 대답을 못 했다는 것 때문에 자신감을 잃을 수도 있거든요.

셋째, 선택지를 준다.

만약 아이가 국제중학교 같은 중학교 입시에 합격하는 것만이 행복해질 수 있는 유일한 길이라고 생각한다면 그것은 스스로 고른 것이 아닙니다. **많은 선택지 가운데서 자기 힘으로 하나를 고르는 경험이 자기결정력을 키워주지요.** 부모의 역할은 **결정해주는 것이 아니라 선택지를 주는 것**입니다. 중학교 입학 시험을 예로 든다면 시험을 보았을 경우의 좋은 점과 나쁜 점을 아이에게 설명한 다음 선택권은 아이에게 줍니다.

좋은 점

- 뚜렷한 목표가 있으면 학업과 진로 활동에 몰두할 동기가 생긴다.
- 합격하면 다양한 배경의 아이들과 함께 공부할 수 있다.
- 나에게 맞는 학교를 고를 수 있다.

나쁜 점

- 입시와 관련 없는 활동은 상당 기간 그만두어야 할 수도 있다.
- 합격하지 못하면 크게 상심할 것이다.

• 합격해도 교내 경쟁이 심해 학교생활에 적응하기 어려울 수 있다.

'이쪽을 골랐으면 좋겠다'는 부모의 바람은 되도록 배제하고 사실을 기반으로 아이에게 설명하는 것이 중요합니다. 부모의 기대는 말하지 않아도 아이에게 전달되므로 되도록 무심한 태도를 보이는 것이 좋습니다. 어느 쪽을 선택하든 아이의 결정을 존중해주세요.

☞ **끝까지 해내는 아이의 부모는 정보를 충분히 제공한 후 아이가 선택하게 한다!**

06

남과 자신을 비교하지 않는다

'○○는 손 들고 발표하는데 우리 애는….' '○○는 영어를 유창하게 하던데.' '○○는 수행평가에서 만점을 받았대.' 자기도 모르게 다른 아이와 비교하고 있지 않나요? 아이에게 부담을 주면 안 된다고 생각하면서도 그만 비교하고 맙니다. 내 자녀에게도 좋은 점이 많이 있는데 자꾸 단점에만 눈이 가지요.

'내가 잘못 키우는 건가?' 불안하고 걱정되어서 어떻게든 해보려는 마음에 초조해집니다. "이건 지난번에 가르쳐준 거잖아! 몇 번을 말해야 알아듣니?"라며 감정에 휩쓸렸다가 평화롭게 잠든 아이의 얼굴을 보고 자기혐오에 빠지기도 합니다.

부모가 아이를 타인과 비교하면 그 태도는 아이에게 전염됩니다. 쉽게 포기하는 사람들은 남들과 비교해서 자기를 평가합니다. '난 1등

했으니까 대단해.' '몇 문제 틀렸지만, ○○보다 점수가 높았으니까 괜찮아.'

물론 남들과 경쟁해서 이기면 기쁩니다. 우월감을 느끼면 당연히 기분이 좋지요. 그러나 경쟁에서 이기고 지는 것은 자기 힘으로 통제할 수 있는 문제가 아닙니다. 아무리 한자를 많이 외워도 친구보다 한자 시험 점수가 나쁠 때도 있고, 아무리 달리기 연습을 열심히 해도 시합에서 질 때가 있으니까요. 전교 1등을 하던 아이가 명문학교에 진학한 후 단숨에 중위권으로 추락한 등수 때문에 깊이 좌절하기도 합니다.

노력해도 결과가 나오지 않는 상태가 이어지면 '열심히 해봤자 어차피 안 돼'라며 포기하게 됩니다. 심리학에서 **'학습된 무기력'**이라고 부르는 이 상태에 빠지면 새로운 일에 도전하지 않게 되고 노력도 할 수 없어요. 끝까지 하는 힘을 기르기 위해서는 **'남과 비교하는' 습관을 버리고 '어제의 나와 비교하는' 습관을 기르는 것**이 중요합니다.

이런 습관을 기르려면 아이를 어떻게 대해야 할까요? 세 가지 방법을 소개합니다.

첫째, 남과 비교하지 않는다.

왜 다른 아이와 비교할까요? 혹시 '자녀의 성취=부모의 가치'라고 생각하고 있지 않나요? 얼마나 우수한 아이로 키워냈는지가 곧 부모의 성적표라고 말이에요. 그런 생각에 빠져 있다면 부모도 괴롭고 아이도 고통스럽습니다. 아이러니하게도 자녀교육에 모든 것을 쏟아부으며 아이를 통제하려고 할수록 아이는 의욕과 자신감을 잃고 말지요.

부모 역할을 잘하는가와 아이의 성취는 완전히 별개의 문제입니다. 아이의 성적이 어떻든, 어떤 행동을 하든 그것은 부모의 가치를 결정하지 않습니다. 확실하게 거리를 두어야 합니다. 아이 교육에 쏟아붓고 있는 에너지와 시간을 부모가 좋아하는 일에 조금 나눠 쓰세요. 부모 자신의 삶으로 관심을 돌리는 겁니다. **자녀교육에서 한 걸음 떨어지면 감정에 휘둘리지 않고 아이를 대할 수 있습니다.** 부모로서 최선을 다하는 것과 아이의 성취는 다른 문제입니다.

둘째, 좋은 점을 발견해준다.

매일 세 개씩 아이의 좋은 점을 발견해서 말해주세요. 주의할 점은 남이 아닌 '아이 자신의 과거와 비교할 것', 결과가 아니라 '준비와 과정을 칭찬할 것'입니다. 누군가에게 이기고 졌다는 결과만 보지 말고, 아이 스스로 통제할 수 있는 부분에 주목하세요.

"시합에서는 졌지만, 지난번보다는 점수를 많이 땄어."

"단추를 하나도 빼놓지 않고 잘 잠글 수 있구나."

"어제보다 10분 일찍 일어났네."

"오늘도 땀을 흠뻑 흘릴 정도로 열심히 연습했구나."

셋째, 과정 목표를 세운다.

목표를 세울 때는 '시합에서 이긴다', '100점을 딴다', '합격한다' 같은 결과 목표뿐 아니라 **스스로 통제할 수 있는 과정 목표**도 만들어 보면 좋습니다. 예를 들면 '하루에 한자를 10개 외운다', '저녁 식사를 하기 전에 숙제를 끝낸다', '연습을 마무리할 때 10번 슈팅한다' 같은 것이 있습니다. 아이가 목표를 세울 때 "그 목표를 이루려면 어떻게 해야 할 것 같아?"라고 물어보며 과정 목표를 찾을 수 있게 도와주세요. 목표를 이루었을 때는 사랑을 가득 담아 '참 잘했어요' 도장을 찍어주는 것, 잊지 마세요.

☞ 끝까지 해내는 아이의 부모는 아이의 좋은 점을 매일 세 개씩 말해준다!

07

긍정적인 자기대화

'어차피 결국 실패할걸.'

쉽게 포기하는 사람들의 머릿속을 지배하고 있는 것은 부정적인 혼잣말입니다. '재미없어.' '이제 지쳤어.' '하기 싫어.' '귀찮아.' '어려우니까 못 해.' 실제로 입 밖으로 내기도 하고 마음속으로 되뇌기도 합니다.

'그것 봐. 내가 말했잖아! 아무리 해도 소용없다니까.' '안 하는 게 나아. 시간 낭비니까.' 자신을 향한 이런 혼잣말이 제동장치가 되어 새로운 일에 도전할 수 없게 만들고, 도중에 포기하게 합니다.

사람은 하루에 수만 번 자기 자신을 향해 마음속에서 말을 겁니다. 그런데 그중 상당수가 부정적인 내용이라고 합니다. '어차피 안 될 거야.' '난 언제나 실패해.' '모두 날 싫어해.' 이처럼 부정적인 말을 하루에 몇만 번씩 스스로에게 던지면 '난 실패한 사람이야'라고 믿을 수밖에 없지요. 뇌가 그렇게 믿으면 '하지 못하는 이유'가 수없이 등장해 눈앞의 벽이 됩니다. 더이상 앞으로 나아갈 수 없습니다.

이렇게 마음속에서 하는 혼잣말을 심리학에서는 **자기대화**self-talk라고 부릅니다. 이번에는 아이의 혼잣말을 긍정적인 것으로 바꾸기 위한 자기대화 훈련법을 소개합니다.

1단계, 부정적인 감정을 받아들이자.

우선 아이의 마음에 귀를 기울이세요. 눈을 보며 고개를 끄덕이고 맞장구를 치며 '슬프구나', '실패하기 싫었구나', '실망했구나'와 같은 식으로 아이의 감정을 언어로 바꾸는 거예요. 그러면 아이의 내면에 있던 답답함이 정리되며 마음이 진정됩니다. 부정적인 감정을 무조건 외면하지 말고, 우선은 받아들이려는 자세를 보이는 것이 중요합니다.

2단계, 정말 바라는 것이 무엇인지 알아내자.

아이의 감정이 진정되었다면 "정말 바라는 게 뭐야?", "어떻게 됐으면 좋겠어?" 하고 물어보세요. 아이가 바라는 이상적인 상태가 무엇인지 알아내는 거예요. 아이가 시합에 나가기 싫다고 했지만, 사실은 질까 봐 두려워서 도전을 피했던 것이라면, 찬찬히 얘기하며 '시합에 나가 이기고 싶어'라는 말을 끌어낼 수도 있습니다.

서로 여유를 가지고 속내를 이야기할 수 있는 상황에서 말을 꺼내는 것도 중요합니다. 바쁜 일과 속에서 대답을 재촉하기보다는 충분히 시간을 갖고 말을 들어줄 수 있을 때를 고르는 것이 좋습니다. 함께 욕조에서 목욕하거나 자동차로 이동하는 중에 무심한 듯 얘기를 꺼내면 아이도 여유 있게 하고 싶은 말을 다 할 수 있을 것입니다.

3단계, 긍정적인 자기대화를 만들자.

아이에게 정말 바라는 상태를 떠올리게 합니다. 그 상태가 이루어졌을 때의 '기분', '행동', '말'을 인터뷰한다고 생각해 보세요.

예를 들어 "시합에서 이긴 다음을 상상해 봐. 어떤 기분일까? 뭘 할 것 같아? 무슨 말을 할 거야?"라고 물어보면서 이상적인 상태가 실현된 상황을 영상으로 보듯 생생히 떠올리게 도와주세요. 그러면 아이의 마음 그릇이 긍정적인 감정으로 가득 차서 앞으로 나아갈 힘이 샘솟게 됩니다.

마지막에 아이에게 이렇게 물어보세요.

"그렇게 되기 위해 가장 중요한 게 뭘까?"

"시합에서 이기려면 연습을 많이 해야겠지." 아이 스스로 이런 말을 생각해낸다면 성공한 것입니다. 여기에 아이를 격려해주는 속담이나 격언을 덧붙여주면 긍정적인 상상력이 더 활성화됩니다. "티끌 모아 태산이라는 말 알지? 하루에 10분씩만 연습해도 한 달이면 실력이 엄청나게 늘겠네." "당연히 시합에서 이기겠지만, 혹시 시합에 지더라도 실패는 성공의 어머니니까 다음번에 이기는 데 도움이 될 거야."

'티끌 모아 태산', '실패는 성공의 어머니', '천릿길도 한 걸음부터.' 이런 완성된 자기대화를 종이에 쓰게 한 후 잊어버리지 않게 책상 위처럼 잘 보이는 곳에 붙입니다. 힘든 일이 생겼을 때 이 말을 머릿속에서, 또는 소리를 내서 10번씩 주문처럼 외우게 해보세요.

"이 말은 마법의 주문이야. 주저앉고 싶을 때 이 말을 떠올려 봐." 이 말이 힘을 줄 수 있는 순간이 왔을 때 기회를 놓치지 말고 먼저 말해주면 더욱 좋습니다.

끝까지 해내는 아이의 부모는 아이의 답답한 심정을 말로 표현해 준다!

08

눈앞의 유혹을 참을 수 있다

“우리 애는 갖고 싶은 장난감을 사기 위해 돈을 모으겠다고 하면서도 용돈을 주면 바로 과자를 사는 데 써 버려요.” 어느 부모님이 이런 얘기를 하신 적이 있습니다. 한두 가지 행동만으로 판단할 수는 없지만, 자기의 욕구나 충동을 조절하는 ‘**참을 수 있는 힘**(자제력)’은 결정한 일을 끝까지 해내는 능력에 큰 영향을 미칩니다.

다만 ‘끝까지 해내는 아이 = 인내심이 강한 아이’라고 오해해서는 안 됩니다. 제 교실에 있는 끝까지 해내는 아이들은 하고 싶지 않은 일에 대해서는 “하기 싫어요!”라고 확실히 말합니다. 하고 싶은 일이 있으면 참지 않고요. 하고 싶다는 욕구를 마음껏 표현하고 그것에 몰입하지요.

끝까지 해내는 아이가 무슨 일이든 참는 것은 아닙니다. 정말 하고 싶은 일을 하기 위해 '눈앞의 과자'를 참는 거예요. 아이가 하고 싶지 않은 일을 시키면서 "참고 해야지!"라고 밀어붙이면 역효과가 날 뿐입니다.

그렇다면 어떻게 해야 하고 싶은 일을 실현하고자 할 때 필요한 '참을 수 있는 힘'을 키워줄 수 있을까요? '참을 수 있는 힘'을 키울 때 꼭 필요한 세 가지를 소개합니다.

첫째, 억지로 참게 하지 않는다.

무언가를 못 하게 하는 대신 아이가 **'하고 싶은 일'을 많이 이룰 수 있도록 도와주는 것**에 중점을 두세요. '장난감을 가지고 놀 수 있었네.' '그네를 탈 수 있었어.' '내 이야기를 들어주었어.' 작은 것이라도 아이의 욕구를 되도록 많이 채워 주세요. **하고 싶은 일을 마음껏 해야 정말 좋아하는 일을 발견할 수 있습니다.** 끝까지 해내는 아이는 하고 싶은 일을 실현하기 위해서라면 하기 싫은 일도 감내하는 힘이 있습니다.

하지만 눈앞에 놓인 하기 싫은 일 너머에 즐거움이 없다면 더이상 앞으로 나아가기 어렵습니다. 좋아하는 일이 있으니까 힘든 연습도 참을 수 있는 거예요. **좋아하는 일, 몰입할 수 있는 일을 찾는 것이 참을 수 있는 힘을 길러 주는 가장 좋은 지름길**입니다. 하고 싶은 일, 좋아하는 일을 발견하는 방법은 4장에서 자세히 소개하고 있습니다. 우선 아이가 하고 싶어 하는 일을 참지 않고 되도록 많이 하도록 해주세요.

둘째, 아이와의 약속을 지킨다.

"내일 사줄게"처럼 아이와 한 약속을 지키는 것도 중요합니다. 바라던 것을 받거나 약속한 것이 이루어진 경험이 많은 아이는 지금 참으면 원하는 것을 얻을 수 있다고 생각하게 됩니다. 눈앞의 과자에 혹하지 않고, 정말 갖고 싶었던 장난감을 기다릴 수 있게 되는 거예요.

셋째, 작은 성취감을 자주 느끼게 도와준다.

노력하면 할 수 있다는 성취감을 자주 느끼게 해주세요. 작은 성취감이 쌓여서 '지금 참고 노력하면 더 재미있는 일이 생길 거야'라는 마음이 자라납니다. 그러면 힘든 일도 '즐거운 일'로 여기고 노력할 수 있게 되지요.

예를 들어 '한자급수시험에 합격하자'라는 목표를 세웠다면 처음에는 '5분 동안 한자 10개 쓰기'처럼 시간을 짧게 쪼개서 간단히 할 수 있는 일에 도전하는 거예요. 5분 동안 한자 쓰기를 했다면 "와, 대단한데."라고 칭찬해줍니다. 노력하는 모습이나 성장한 부분이 보일 때마다 "열심히 하고 있구나", "많이 외웠다!" 하고 격려해주세요.

평소에 욕구가 충족되는 아이는 눈앞의 고난을 견딜 수 있습니다. **흥미를 느끼는 일을 할 때 막지 않아야 참을 수 있는 힘도 자라납니다.**

☞ 끝까지 해내는 아이의 부모는 아이가 하고 싶어 하는 일을 막지 않는다!

09

문제가 생기면 해결책을 찾는다

중학교 시절 잘 풀리는 일이 아무것도 없어 자신감을 잃어가던 저는 자신을 지킬 좋은 방법을 고안했습니다. 바로 '변명'을 찾아내는 것이었어요. '상대가 너무 강해서 졌어.' '선생님이 못 가르쳐서 틀렸어.' '부상을 입어서 제 실력을 낼 수 없었어.'

결과가 좋지 않았을 때는 바로 '변명'을 했습니다. 주위 사람이나 환경을 탓하는 거예요. '내가 나쁜 게 아니야. 내 탓이 아니야.' 머릿속에서 몇 번이고 스스로에게 말했습니다. 그러다가 결국 노력하지 않게 되었습니다. '나아지지 않은 건 최선을 다하지 않은 탓이야. 진짜 열심히 했다면 우승했을 텐데, 이번 시합이 그렇게 중요한 건 아니잖아'라는 최고의 '변명'을 손에 넣기 위해서였어요.

그렇게 해서 자존심은 지켜냈지만 그런 마음가짐으로는 제자리걸음에서 벗어날 수 없었어요. '나에겐 안 맞는 것 같아'라는 새로운 '변명'을 발견하고 무얼 하든 도중에 그만두었습니다. 이런 일이 반복되었어요.

이처럼 중간에 포기하는 사람들은 스스로를 지키기 위해 변명합니다. "선생님이 숙제를 너무 많이 내주셔서 연습할 시간이 없었어", "게임은 친구가 하고 싶대서 한 거야"처럼 자기 탓이 아니라고 주장하지요. 부모나 선생님 입장에서는 화가 날 수 있지만 용서해주세요. 지금 당장 아이에게는 변명하는 것 말고는 스스로를 지킬 방법이 없습니다.

문제가 발생했을 때는 원인해명형이 아니라 문제해결형으로 아이와 함께 풀어보세요. 원인해명형이란 '왜?', '어째서?'라는 물음을 통해 문제의 원인을 밝히는 접근법입니다. 이 방법으로 문제를 해결할 경우 자칫 잘못하면 아이가 혼나고 있다는 느낌을 받고, 책임을 회피하기 위해 변명을 하거나 거짓말을 하게 됩니다. 문제해결형은 '어떻게 하면 좋은가?', '어떻게 하고 싶은가?'라는 물음을 통해 해결책을 모색하는 방법입니다. 이 방법으로 생각하면 혼나고 있다는 느낌을 받지 않고 차분한 마음으로 앞으로의 일을 생각할 수 있지요. 구체적인 대응법을 세 단계로 나누어 설명하면 다음과 같습니다.

1단계, 상황을 듣는다.

문제가 생겼을 때, "왜 그러니?", "무슨 일이 있었어?" 하고 침착한 태도로 아이에게 묻습니다. 아이를 추궁하고 싶은 기분을 자제해야 합니다. 감정을 그대로 내보이면 아이는 상처 입기 싫은 마음에 변명하고 싶어지거든요. 그렇게 되면 문제를 해결할 수 없어요.

2단계, 변명을 들어준다.

"동생이 먼저 때려서 싸운 거야" 같은 변명을 하더라도 아이의 말을 부정하지 말고 "동생이 먼저 때려서 싸운 거구나" 하고 일단은 맞장구를 쳐줍니다. 먼저 **행동의 배경이 된 감정을 알아주는 것**이 중요합니다. 그렇게 하면 아이의 자기긍정감을 지켜줄 수 있어요.

3단계, 해결책을 묻는다.

드디어 미래를 향한 해결책을 묻는 단계입니다. "어떻게 해야 싸우지 않을까?" 이때 "동생이 착하게 굴면 안 싸울 거야"나 "엄마가 동생을 혼내야 돼"처럼 다른 사람에게 책임을 미루는 답이 돌아올 수도 있습니다. "앞으로 동생과 싸우지 않으려면 ○○가 할 수 있는 일이 뭘까?"라며 아이가 할 수 있는 행동에 중점을 두고 물어봅니다.

"동생이 때려도 같이 때리기보다는 그러지 말라고 말할 거야"처럼 아이가 생각을 얘기하면 "네 생각을 들려줘서 고마워. 앞으로 그렇게 할 수 있을까?" 하고 아이의 마음을 확인한 다음 "한번 해보자. 넌 할 수 있어"라는 말로 용기를 북돋워 주세요. 한편, 동생보다 몇 살 더 많더라도 아이는 아이이므로 최종적인 책임을 질 수는 없습니다. "네가 좋게 얘기해도 동생이 말을 듣지 않으면 그때는 엄마한테 바로 얘기해 줘"라고 책임의 한도를 설정해서 아이의 부담을 줄여주는 것이 좋습니다.

아이가 약속을 제대로 지켰다면 기회를 놓치지 말고 바로 칭찬해 주세요. 그런 과정을 통해 변명이 아니라 해결책을 생각하는 습관이 길러집니다.

☞ **끝까지 해내는 아이의 부모는 변명하는 아이의 마음을 알아준다!**

생활습관

2

10

시장이나 동네 상가에서 물건을 산다

주말에는 대형마트나 쇼핑몰에서 시간 보내기. 습관적으로 그렇게 하고 있지 않나요? 대형마트나 쇼핑몰은 어른과 아이가 함께 즐길 수 있는 가게도 많고 편리합니다. 하지만 저는 시장이나 동네 상가 구경을 적극 추천합니다. 시장에는 배울 것이 보물처럼 많답니다. **그 지역에서 살아가는 어른들도 만날 수 있지요.** 그런 만남이 미래에 대해 생각해 볼 계기를 만들어줍니다.

제가 어릴 때는 어른과 교류할 기회가 그다지 많지 않았습니다. 이웃과도 간단히 인사를 나누고 지나치는 정도였어요. 가까운 곳에 있는 어른은 엄마와 아빠, 학원 선생님뿐이었지요. 어떤 어른이 되고 싶은지 상상하는 것조차 어려웠습니다. 명문 중고등학교에 입학해서 좋은 회사에 입사하면 된다는 마음뿐이었으니 애초에 장래에 대해 깊게 생각하지 않았어요. 그런 생각을 아이가 스스로 한 것도 아니겠죠. 중학교 입시로 머리가 가득 차 있었어요.

성인이 되고 나서야 비로소 어떻게 살아가야 할지 생각했습니다. 하고 싶은 일을 찾는 데만 5년이 걸렸어요. 조금 더 이른 시기에 다양한 일을 하는 어른과 만나서 미래를 생각해 볼 기회가 있었다면 사회에 나온 후에 그렇게 방황하지는 않았을 것입니다.

시장이나 동네 상가에는 **지역 사회와 관계를 맺고 살아가는 어른들이** 많이 있습니다. 제가 살았던 동네의 시장에는 백 년 전부터 영업해온 차 전문점 등 선조 대대로 내려온 오래된 가게가 있는가 하면, 맛있는 과일을 전국 각지에서 직접 엄선해서 파는 청과물점이나 세계 각국에서 온 여행객과 지역 주민이 교류하는 게스트하우스처럼 청년들이 창업한 참신한 가게도 있었습니다.

이 가게들에 공통점이 있다면 모두 지역을 사랑한다는 점과 자기 가게에 긍지를 갖고 있다는 점이에요. 시장과 지역 상가 사람들은 '나만 잘되면 그만이지'라고 생각하지 않습니다. 종종 행사를 열어서 시장과 상가의 활기를 돋우고, 지역 전체에 활력을 불어넣기 위해 열정적으로 활동하지요.

아이들이 그런 열정 넘치는 어른들과 교류하길 바랍니다. 다양한 어른을 만나서 그들이 '일하는 모습'을 가까운 곳에서 관찰하면 **하고 싶은 일을 발견할 수도 있고 어떤 어른이 되고 싶은지 알게 될 수도 있습니다.** 즐겁게 일하는 모습을 보면서 일하는 기쁨을 배울 수도 있어요.

어른이 된다는 것에 희망을 품게 될 거예요.

학교와 집이 아닌 장소에서 또래들의 아지트를 만들 수도 있습니다. 저 역시 학원 가기 전 남는 시간에 친구들과 자주 시장에 있는 막과자 가게에 놀러 갔습니다. 다른 학교 아이들도 많이 들르는 곳이라 함께 장난감을 가지고 놀거나 카드 게임을 하고, 컵라면을 먹었어요. 아이들의 비밀기지 같은 집합소였지요. 주인 아주머님도 화통한 분이어서 "어서 와라. 오늘은 뭐 재미있는 일 있었어?"라며 언제나 웃는 얼굴로 맞아주셨습니다. 친구들과 싸웠을 때는 이야기를 듣고 과자를 주기도 하셨어요. 뛰어다니다가 가게 의자를 망가뜨렸을 때는 눈물이 쏙 빠지게 혼이 났지요.

학교와 집이 아닌, 아이가 편안함을 느끼는 제3의 장소 Third Place**는 아이의 안전기지가 됩니다.** 그곳으로 도망칠 수도 있고, 다른 누군가를 만날 수도 있지요.

시장에서 물건을 사다가 역할 모델을 발견할 수도 있고, 심심하거나 울적할 때 기분 전환을 할 수 있는 단골 가게를 찾을 수도 있습니다. 그러니 가끔은 시장에서 장을 보면 어떨까요? 가게 주인에게 "오늘은 어떤 생선이 좋은가요?", "이 배추는 어떻게 먹으면 맛있어요?" 하고 적극적으로 말을 걸어보세요.

아이가 초등학교 고학년이면 심부름을 보내는 것도 좋은 방법입니다. "만 원으로 네 명이 먹을 카레 재료 좀 사 올래? 뭐가 필요한지 가게에서 물어봐"처럼 임무를 주는 거예요. 이를 통해 생각하는 힘이 길러지고 돈을 셈하는 법도 배우게 되지요.

시장에서 이벤트를 기획하거나 지역 행사가 열리기도 합니다. 아이와 함께 자원봉사자 자격으로 행사에 참가하면 어떨까요? 행사를 개최할 때는 많은 전문가들이 참여합니다. 홍보 전단을 만드는 디자이너, 음향 담당자, 무대에서 사회를 보는 사람, 행사 진행 요원 등 지역 사회에서 일하는 전문가들과 만날 수 있는 좋은 기회가 될 거예요.

학교는 좁은 세계의 일부에 불과합니다. **학교에서 활약하지 못해도 한 걸음 밖으로 나가면 빛을 발할 수 있는 분야가 반드시 있습니다.** 그런 장소를 발견하면 학교에서 미움을 사도 나를 받아줄 사람은 이 세상 어딘가에 꼭 있을 거라는 믿음이 생깁니다. 이 세상에 사는 사람의 수만큼 다양한 세계가 밖에 펼쳐져 있으니까요. 교실을 박차고 밖으로 놀러 나가세요. 새로운 세계가 아이를 기다리고 있을 거예요.

☞ 끝까지 해내는 아이의 부모는 학교와 집이 아닌 곳에도 아이의 자리를 만들어준다!

11

놀이에서 배운다

요즘 아이들은 어른보다 더 바쁩니다. 우리 방과후학교에 오는 아이 중에는 학원을 아홉 군데나 다니는 아이도 있어요. "영어 공부해라." "프로그래밍도 배워야지." "피아노도 뇌 발달에 좋고…." 아이가 어른이 된 후 고생하지 않게 미리 다양한 기술을 가르치는 것은 중요합니다. 학습 능력처럼 눈에 보이는 인지능력은 학원을 여러 군데 다니면 높아질 수도 있습니다. '글씨를 잘 쓴다', '영어가 유창하다', '춤을 잘 춘다' 등 다른 아이와 비교해 뛰어난 능력이 있으면 칭찬받거나 인정받을 기회가 늘어나서 '나는 할 수 있다'는 자기효능감도 높아집니다.

"영어는 몇 살부터 시작해야 할까요?" 제가 운영하는 학교에서는 영어 교과에도 중점을 두므로 이런 질문을 많이 받습니다. 그럴 때는 늘 "언제든 괜찮습니다"라고 대답합니다. **아이에게 하고 싶은 마음이 생**

겼다면 그때가 가장 좋은 시기입니다.

사실 저도 25세부터 영어를 본격적으로 공부해서 비록 5년이라는 시간이 걸렸지만, 미국 대학원에 입학할 수 있었습니다. 큰 문제를 겪지 않고 다양한 인턴십도 경험한 후 졸업했지요. 일본 사람들은 일본어 같은 영어라고 놀렸지만, 미국 어린이들은 재미있는 개성으로 받아들였습니다. 어른이 된 후 언어를 익히면 발음에서는 차이가 날 수밖에 없으니까요. 하지만 하고 싶은 말을 열정적으로 표현하면 발음이 원어민 같지 않아도 의미가 충분히 전달됩니다. 그러므로 **배우고 싶을 때 배우면 된다고 생각합니다. 못해서 곤란할 때 시작하면 됩니다.**

아이의 선택지를 넓혀주고 싶은 마음은 이해하지만, 아이가 스스로 선택해서 적극적으로 노력하지 않으면 어떤 능력도 제 것이 될 수 없습니다. 억지로 하는 상태가 이어지면 도리어 싫어질 수 있어요. 입시가 끝나면 공부를 내던지는 학생이 많은 것도, 원하는 대학에 가려고 억지로 공부했기 때문이니까요.

스스로 고른 좋아하는 일이어야 능력을 키울 수 있고, 계속할 수 있습니다. 아이가 지금 배우고 싶어 하는 일을 가르치는 것이 가장 중요합니다.

끝까지 해내는 아이는 학원이나 교습소에서 여러 가지를 배우기도 하지만 무엇보다 친구와 놀면서 많은 것을 배웁니다. "술래잡기하기 좋은 곳이 있는데 거기서 놀까?" "한쪽 발 들고 뛰어서 학교까지 시합할래?" "이 비즈로 같이 목걸이 만들자." 이처럼 틈만 나면 계획을 세우고 친구들과 회의를 해서 다양한 놀이를 개발하지요.

어떻게 해야 더 재미있을지 생각하고 함께 놀 아이들을 모으고 그들과 의견을 나눈 다음 시도합니다. 가끔은 티격태격하기도 하고, 기대만큼 재미있게 놀지 못할 때도 있을 거예요. 하지만 몸과 마음을 쓰는 몰입 경험을 통해 '생각하는 힘', '협력하는 힘', '창조하는 힘' 같은 비인지능력이 자라납니다. **자기도 모르게 푹 빠져서 집중할 수 있는 배움의 장**이 만들어지는 거예요.

3~12세 어린이에게 **'푹 빠져서 집중하는 경험'**보다 중요한 것은 없습니다. 무엇을 하는지 도구가 무엇인지는 상관없어요. 바둑, 영어, 피아노, 수영 다 좋습니다. 술래잡기, 좀비놀이도 좋고요. 여러 학원과 교습소에 다녀 일정이 빡빡해도 아이가 눈을 반짝이며 신나게 배운다면 아무 문제도 없습니다. 늘 피곤한 얼굴로, 가라고 하니까 의욕 없이 다니는 상태라면 재조정할 필요가 있겠지요.

푹 빠지기 위해서는 여유가 있어야 합니다. **'아무한테도 평가받지 않는 시간', '자기가 생각한 대로 행동할 수 있는 시간', '아무것도 하지 않아도 되는 시간'**을 늘려주세요. 멍하니 있을 수 있는 시간을 선물하세요.

끝까지 해내는 아이의 부모는 아이가 집중하는 시간을 지켜준다!

12

샛길로 빠져도 거기서 즐거움을 찾는다

“언제까지 그러고 있을래? 빨리 좀 해!” “거기로 가면 안 돼! 이쪽이야!” 자기주장이 강한 아이 때문에 속앓이한 적 있으실 거예요. 한번 시작하면 누구의 목소리도 귀에 들어오지 않지요. 새로운 장소에 가면 언제나 바람처럼 달려 나가서 미아가 되기 일쑤고, 의자에 가만히 앉아서 공부하지 못합니다. 시킨 일을 정확히 해놓지도 않아요. 바로 제 이야기입니다. 어딜 가도 어른들에게 혼났어요. 제발 얌전히 좀 있어라, 하고 말이지요.

정해진 일을 하는 것, 차분히 공부하는 것, 모두 중요합니다. 사회에 나가면 효율적으로 일해야 하지요. 그래서 어른들은 자기도 모르게 쓸데없는 일은 배제하고 ‘더 빠르게, 더 많이’를 추구하는 라이프스타일에 스스로를 맞추어 갑니다. 샛길로 빠지면 안 됩니다. 어떻게

든 지름길을 찾아내야 하지요.

저는 그런 사회가 답답했습니다. 굉장히 괴로웠어요. 어른도 견디기 힘든데 아이에게 똑같은 것을 요구해도 되는 걸까요? 아이 역시 소진되어 텅텅 비어버리고 말 거예요.

정말로 정확하게 목표를 향해 빨리 달려야만 하는 걸까요? 저는 그렇게 생각하지 않습니다. 빨리 달리는 능력도 중요하지만 달리기 자체에서 재미를 발견하는 것도 중요합니다. 지름길을 발견하는 것도 중요하지만, 세상에는 여러 길이 있음을 아는 것도 중요합니다. 중요한 것은 하나만이 아닙니다. 인생은 여행이에요. 아이가 **다양한 길을 걸으며 인생을 즐기길 바랍니다.** 아이의 여정은 이제 막 시작되었으니까요.

샛길로 가는 것은 끝까지 해내는 힘을 기를 때도 대단히 효과적입니다. 아이는 '저기로 가보고 싶어', '저기에 뭔가 재미있는 게 있지 않을까?'라는 호기심에 마음이 동해 정해진 길에서 한 발짝 벗어납니다. 벽돌을 뒤집어보고, 일부러 집에서 멀리 떨어진 놀이터에 찾아가서 놀고, 야구 연습장을 지나가다가 갑자기 들어가서 한번 해보고. 어른 입장에서 보면 '다른 할 일이 많은데 왜 저렇게 시간을 낭비할까' 하는 생각이 들 수 있어요.

하지만 일상에서 벗어날 때 새로운 세계를 발견할 수 있습니다. '이런 곳에 공벌레가 모여 있네', '여기는 다른 놀이기구가 있네', '야구도 할 만한데?' 이렇게 좋아하는 일이나 잘하는 일을 발견할지도 모르지요. 새로운 친구를 사귈 수도 있어요. **'하고 싶다'는 마음에서 출발한 경험이 살아가는 힘이 됩니다.** 시간 가는 것도 모르고 몰두하는 경험. 칭찬받지 않아도 하고 싶으니까 하는 일. 그렇게 내면에서 샘솟은 열정이 포기하지 않는 마음을 키우고 한 발 앞으로 내딛는 용기를 자라게 하는 것입니다.

'빨리 해야 해.' '계획대로 해야 해.' '완벽하게 해야 해.' '최소한의 시간만 들여 많은 걸 하는 게 중요해.' 이런 마음이 강해지면 아이의 호기심은 사라지고 미래의 가능성도 좁아집니다. 늘 조바심을 내는 아이를 보며 부모도 초조해지는 악순환에 빠질지도 모릅니다.

시간과 마음에 여유를 둘 수 있는 생활 계획표를 만들어서 아이가 샛길로 가는 것을 허락해주세요. **방해하지 말 것, 초조해하지 말 것, 요구하지 말 것.** 아이의 호기심을 키우는 세 가지 원칙입니다.

부모에게는 부모의 사정이 있고, 생활이 있고, 인생이 있습니다. 삶의 리듬을 아이에게만 맞추면 생활이 무너지지요. 공원에서 계속 놀게 두면 저녁 식사가 한정 없이 늦어집니다. 외출하기 전에 아이가 하던 게임을 스스로 마칠 때까지 기다리다 보면 양육자는 불가피하게 자신의 다른 일정을 연기해야 합니다. 이러다 보면 부모가 먼저 소진될 거예요.

자신과 아이를 모두 존중해야 합니다. 다음 일정이 있을 때는 놀기 전에 "놀이터에서 1시간만 놀자"라고 아이와 약속하세요. **아이의 기분을 존중하면서 부모의 감정도 억누르지 않고 전달하는 것이** 중요합니다.

어느 한쪽이 희생되어야 하는 관계는 결국 깨지고 맙니다. 어른이라고 꼭 참아야 하는 것은 아니에요.

"샛길, 옆길, 돌아가는 길. 하지만 그것도 전부 길."

〈스마일 프리큐어!〉라는 애니메이션의 명대사입니다. '해보고 싶다'는 호기심 안에 아이의 재능과 천재성이 숨어 있습니다. 때로는 길에서 벗어나도 기쁜 마음으로 따뜻하게 지켜봐 주세요.

☞ **끝까지 해내는 아이의 부모는 아이가 샛길로 빠져도 지켜본다!**

13

집안에 자기 역할이 있다

'나는 이곳에 필요한 사람이야.'

누군가에게 도움이 된다는 느낌은 아이의 자기긍정감을 높이고 더 열심히 하자는 의욕으로 이어집니다. 제가 운영하는 방과후학교에서는 학생에게 **'역할'을 주는 것**을 중시합니다. 권한위임Empowerment을 하는 거예요. 어른이 생각한 일을 시킬 뿐만 아니라 아이와 함께 책임 있는 임무를 정한 다음 맡깁니다. **좋아하고 잘하는 일을 해서 친구들에게 도움을 주는 경험**을 쌓게 하기 위해서예요.

영상물을 제작하는 프로젝트를 시작한다면, 아이디어를 잘 떠올리는 아이를 작가로 임명해서 구성을 맡깁니다. 의견을 잘 모으는 아이는 사회자로 임명해서 다른 친구들의 의견을 듣고 취합하게 합니다. 줄넘기를 잘하는 아이는 영상에서 줄넘기를 가르치는 강사 역할을 맡게 합니다.

이처럼 저마다의 특기를 잘 조합하면 하나의 작품을 탄생시킬 수 있다는 경험을 만들어줍니다. '주연을 맡으면 훌륭하고 시합에서 결정골을 넣으면 멋진 게 아니라 어떤 역할이든 중요한 거야. 넌 이 팀에 필요해. 네가 잘하는 것을 발견해서 그걸 계속하면 모두 고마워할 거야. 팀의 일원으로 인정받는 거야.' 이런 깨달음을 실천하기 위해 저는 서른 살 때 회사를 그만두고 어린이 교육에 몸담게 되었습니다.

집에서도 아이에게 '역할'을 주세요. 아이가 흥미를 느끼는 일이나 좋아하는 일, 잘하는 일이라면 뭐든 좋습니다. 일방적으로 집안일을 떠넘기면 효과를 거두기 어렵습니다. 아이가 집에서 의욕적으로 '역할'을 맡게 하기 위한 팁을 세 가지 소개합니다.

첫째, 특별한 호칭을 만들어준다.

특히 초등학생은 칭호나 직함을 정해주면 의욕이 샘솟습니다. '○○매니저', '○○대장', '○○장관', '○○마스터' 같은 호칭이지요. "○○는 옷을 잘 개니까 오늘부터 옷 개기 대장으로 임명할게. 바쁠 때 옷을 개 주면 정말 도움이 되거든. 할 수 있을까?"처럼 아이의 마음을 자극하면 아이도 역할을 쉽게 받아들입니다.

둘째, 고마운 마음을 전한다.

아이가 한 일에 대해 진심으로 고마움을 전하면 아이의 의욕에 불이 붙습니다. 고마움을 전할 때는 다음과 같은 형식을 활용해 보세요.

"○○해준 덕에 ○○한 기분이야. 고마워."

아이가 무언가 역할을 찾아 실천하고 있는 모습을 보았다면 그 자리에서 바로 아이의 눈을 보고 아이의 마음에 닿을 수 있는 말로 전하세요. "하루종일 일해서 피곤했는데, 네가 옷을 정리해 줘서 정말 기뻤어. 오늘도 고마워."

셋째, 습관화한다.

앞에서 제시한 방식으로 가끔 집안일을 맡겼다 해도 기본 마음가짐이 '집안일은 엄마나 아빠가 하는 일'이라면 그 일은 아이의 '역할'이라고 할 수 없습니다. 학교와 학원을 오가며 동아리 활동 등으로 바쁜 아이에게 집안일을 부탁하기가 미안하게 느껴질 수도 있습니다. 반항기에 접어들었거나 꼬박꼬박 말대꾸 하는 아이라면 뭔가 시키기가 더 부담스럽습니다. 하지만 엄마 아빠도 바쁘기는 마찬가지입니다. 무엇보다 **집안일은 가족 모두의 일**이에요. 초등학교 저학년 시기부터 밥이나 국은 스스로 담기, 식사 때 수저 놓기, 자기 물건은 자기가 정리하기 같은 작은 일을 스스로 하게 해주세요. '집안일은 가족 모두가 함께하는 것'임을 확실히 가르치고 청소나 빨래를 함께 하며 아이 능력으로 할 수 있는 일이 있으면 망설이지 말고 맡겨 보세요.

어른이 아이에게 일을 맡기면 아이는 '내가 제대로 할 거라고 믿는구나'라고 여겨 자기긍정감이 올라갑니다. 기대했던 것만큼 완벽하게 해내지 못하더라도 우선 아이가 해준 일에 감사를 표현하세요. 그런 다음 필요하다면 "이렇게 해보면 어떨까?" 하고 제안하는 것도 좋습니다.

☞ 끝까지 해내는 아이의 부모는 아이가 잘하는 일을 찾아 맡긴다!

14

규칙의 의미를 생각한다

'착한 아이'란 어떤 의미일까요? 부모님의 말을 잘 듣는 아이, 불평 없이 규칙을 지키는 아이, 어른이 원하는 것을 알아서 하는 아이. 그런 아이를 세상에서는 '착한 아이'라고 부르는 경우가 많습니다. 모두에게 칭찬받고, 귀여움을 받고, 사랑받지요.

하지만 그런 '착한 아이'가 도리어 결정한 일을 끝까지 못 하거나 무책임하게 굴 때가 있습니다. 왜일까요? **자기 머리로 규칙의 의미를 이해하지 못했기 때문**입니다. 혼나지 않으려고, 칭찬받으려고 그냥 어른들이 시키는 대로 하다 보니 규칙을 지키기 어렵거나 혼나지 않을 수 있는 상황에서는 쉽게 규칙을 어기게 됩니다.

해야 할 이유를 모르니까 의욕도 생기지 않아요. "숙제하렴"이라는 말을 들어도 왜 숙제를 해야 하는지 모르면 집중하기 어렵습니다.

어쩔 수 없이 하는 일은 제 실력이 되지 않지요. 잘 안 되면 남을 탓하며 포기합니다. 어릴 적 저는 늘 그랬습니다. 주위 어른들이 하는 말은 한 톨도 의심하지 않고 '그게 규칙이라니까 어쩔 수 없지'라고 생각하며 살아왔어요.

스스로 생각해서 스스로 결정한 일이라면 어떤 결과가 나오든 본인의 책임입니다. 자기 행동에 책임을 져야 하니까 힘들고 괴로운 일도 견딜 수 있어요. 앞으로 다가올 시대는 정해진 규칙을 지켰다고 성공하리라는 보장이 없습니다. 그러니 더욱 **규칙을 무조건 받아들이지 말고 다양한 정보를 모아서 자기 머리로 생각하고 행동**해야 합니다.

끝까지 해내는 아이는 규칙의 의미를 자기 머리로 생각합니다. 무엇을 위해 규칙이 있는 것인가. 왜 이 약속을 지켜야 하는가. 답을 알 수 없거나 납득할 수 없는 부분이 있다면 상대가 어른이라도 질문을 하고 자기 의견을 전달합니다. 물론 의견이 받아들여지지 않을 때도 있을 것이고, 학교나 단체의 규칙처럼 자기 힘으로 어떻게 할 수 없는 일도 있을 거예요. 어쨌든 최대한 자기 머리로 생각해 본 후 납득을 하면 좋고, 그렇지 않더라도 '뭔가 이유가 있을 텐데'라는 의문을 품고 계속 이유를 생각하면서 규칙을 따릅니다.

끝까지 해내는 아이는 규칙뿐만 아니라 스스로 정한 일에 대해서도 그 일의 본래 의미나 목적을 자기 언어로 분명히 설명할 수 있습니다. 누가 시켜서, 혹은 그냥 하는 것이 아니라 명확한 이유가 있는 거예요. 그러니까 실패해도 다시 일어나서 끝까지 해낼 수 있습니다.

평소에도 일방적으로 규칙을 지키게 하는 것이 아니라 **규칙의 목적을 설명하고 무엇을 위한 규칙인지** 생각하게 해주세요.

"왜 복도에서 뛰면 안 될까?" "만약 교통신호가 없으면 어떻게 될까?" "왜 노약자석은 비워 두어야 할까?" "왜 물건을 살 때는 돈을 내야 할까?"

"규칙이니까", "글쎄, 그냥", "벌금을 내게 되니까" 같은 무성의한 대답은 금물입니다. 초조해하지 말고 아이가 먼저 자기 머리로 생각할 수 있게 해주세요.

아이는 경험이 부족하므로 "임산부나 연로한 노인들은 오랫동안 서 있기가 너무 힘드니까 임산부석과 노약자석을 만들어 놓은 거야. 우리는 튼튼하니까 서 있어도 되잖아."라고 알려주어도 실생활에서 접해보지 않았다면 잘 이해하지 못할 수 있습니다. 그래도 괜찮습니다. 나중에 실제로 겪어보면 배운 것과 체험한 것이 연결되며 새로운 사고가 형성됩니다. 아이의 뼈가 부러지는 바람에 목발에 의지해야 할 때 누군가가 지하철에서 자리를 양보해 준다면 자신의 체험을 통해 노약자석의 의미를 이해하게 되겠지요. 힘든 상황에 있는 사람을 도와주는 일이 얼마나 중요한지 피부로 느낄 수 있을 테니까요.

"어려서 잘 모르니까 어른들이 시키는 대로 하면 돼", "다 이유가 있어서 시키는 거니까 하라는 대로 해", "규칙은 규칙이니까"라는 식으로 아이에게 규칙을 강요하지 마세요. 또한 "남에게 방해가 되면 안 되니까"라며 무조건 착한 어린이가 되도록 강요하기보다는, 사회생활에서는 모두가 권리와 의무를 동시에 지닌다는 것을 알려주는 것이 좋습니다. “여기는 사람들이 공부나 독서를 하는 도서관이니까 조용히 하면 각자 자신이 하고 싶은 일에 집중할 수 있겠지”라는 식으로 서로를 존중하는 것이 사회생활의 기본임을 일깨워줍니다.

☞ 끝까지 해내는 아이의 부모는 규칙의 의미를 생각하게 한다!

15

스스로 재미를 만든다

'어떻게 해야 아이들이 재미있어할까?' 방과후학교를 시작하고 늘 했던 고민입니다. 수업 중에 유명 개그맨을 흉내 내거나 재미있는 이야기를 들려주기도 하고 온갖 수단을 동원해 분위기를 띄우려고 했습니다. 아이들은 제가 하는 개그에 푹 빠져서 더 해달라고 성화였습니다. 부모님들도 좋아했고 회원 수도 늘어나며 많은 미디어에 소개되기도 했어요.

모든 게 잘 풀리는 좋은 상황인데 무언가 잘못되었다는 느낌이 들었습니다. 그 느낌을 말로 설명할 수 있게 된 것은 학교를 시작한 후 3년이 지났을 때였습니다. 아이들이 틀림없이 좋아할 만한 게임으로 수업을 시작했습니다.

예상대로 아이들은 엄청나게 즐거워했어요. 더 하고 싶다는 것을 중단하고 잠시 쉬기로 했지요. 저는 만족감에 차서 교실을 나와 휴게실에서 차를 마시며 한숨을 돌렸습니다. 슬슬 돌아가려는데 교실 쪽이 소란스러워졌습니다.

조심스럽게 문 근처로 다가가서 안을 슬쩍 들여다보았더니 아이들이 술래잡기를 하고 있었습니다. 술래에게 잡히면 술래가 되는 지극히 평범한 술래잡기였는데 아이들은 나와 수업 시간에 게임을 했을 때보다 훨씬 더 즐거워 보였습니다. 더욱 놀라운 것은 낯가리는 성격 때문에 게임에는 참가하지 않았던 여자 어린이가 뛰어노는 모습이었습니다. 얼굴 가득 웃음을 띠고 도망 다니고 있었어요.

그 순간 계속 느껴왔던 불편한 느낌의 정체가 무엇인지 깨달았습니다. 저는 아이들에게 **너무 많이 주었던 것**입니다. 재미있게, 즐겁게 해주려는 저의 필사적인 마음이 스스로 움직이고 싶은 아이들의 자발성을 억누르고 있었어요. 아무것도 안 해도 재미를 얻을 수 있는 환경을 만든 것이지요. 그런 환경 속에서는 살아가는 데 필요한 힘을 키울 수 없습니다. 스스로 생각하고 동료와 협력해서 시행착오를 겪으며 새로운 가치를 만들어내는 힘이 자라나지 않아요.

그날 저는 **'재미를 주는' 선생님이 아니라 아이들과 함께 '재미를 만들어내는' 동료가 되겠다고 결심했습니다.** 그런 결심에서 '우리 동네 실험실 어린이 라보'라는 새로운 프로그램을 만들었습니다. 그곳에서는 저 역시 리더가 아니라 참가자 중 한 사람입니다. 아무것도 없는 상태에서 아이디어를 교환하며 재미있는 상품을 개발하지요.

아이에게 계속 '재미'를 제공하기만 하면 아이는 자기 힘으로 세상을 헤쳐나갈 수 없게 됩니다. 우리 아이들의 경쟁자는 AI나 첨단기술이에요. 그런 것을 능숙하게 활용하면서 AI나 첨단기술이 할 수 없는 일을 스스로 생각해서 만들어내야 합니다. 그러기 위해서는 **그저 재미를 소비하지만 말고 스스로 재미를 만들어낼 수 있는 능력**이 필요합니다. 그렇다면 부모나 교사는 무엇을 해줄 수 있을까요?

간단합니다. 과도하게 주지 않는 거예요. **아무것도 없는 환경에 있을 때 비로소 무언가를 만들어낼 힘이 발동합니다.** 장난감을 주고, 게임을 하게 해주고, 즐거운 테마파크에 데려가고, 재미있는 경험을 잔뜩 주는 것이 당연한 일이 되면 아이는 스스로 움직이지 않습니다. 테마파크나 키즈카페에 데려가지 않아도 괜찮습니다. 동네 놀이터나 공원도 충분합니다. 풀밭도 좋고, 집에 있어도 됩니다. 스스로 움직이지 않으면 할 게 없는 환경을 만드세요. 부모가 아이를 재미있게 해줄 의무는 없습니다. 아이의 즐거움은 부모의 책임이 아니에요. 바로 아이 자신의 책임이지요. **지루한 시간 속에서 창조력이 탄생**합니다.

돈으로 살 수 있는 재미도 있습니다. 다양한 경험을 쌓게 해서 선택의 폭을 넓혀주는 것도 중요하지요. 하지만 누가 만들어주는 재미, 돈으로 사는 재미에 의존하지 않고, 하고 싶다는 마음에 몸을 맡긴 채 호기심이 이끄는 대로 몰입하는 경험, 친구들과 시행착오를 겪으며 '재미'를 만들어가는 경험은 앞으로 올 세상을 살아가기 위한 무기가 됩니다.

그런 무기가 있다면 놀이공원에 가지 않아도, 반이 바뀌어서 단짝 친구와 헤어지게 되어도 "**재미는 내 손으로 만들 수 있어!**"라는 자신감을 갖게 됩니다. **어떤 환경에서도 재미를 발견하는 것이 행복하게 살아가기 위한 비결**이에요. 걱정할 필요 없답니다. 아무것도 주지 않아도 아이는 자기가 원하는 재미를 찾아내니까요.

끝까지 해내는 아이의 부모는 아이와 함께 '재미'를 만들어낸다!

16

원하는 것이 있으면
프레젠테이션을 한다

"싫어, 싫어! 과자 먹고 싶어! 사줘! 빨리 사줘!" 대형마트에서는 부모에게 떼를 쓰는 아이들을 간혹 볼 수 있습니다.

"안 사기로 약속했잖아. 떼쓰지 마!" 이렇게 타일러 보지만 말을 안 듣는 아이 때문에 시간도 지체되고 주변의 시선도 신경 쓰입니다. 게다가 이런 일이 한두 번도 아니고 자주 벌어집니다. 해가 저물어 가는데 놀이터에서 더 놀고 싶다며 집에 가자는 부모를 피해 도망 다니고, 식사를 거의 다 준비했는데 피자를 먹고 싶다며 억지를 부리기도 합니다.

떼를 써서 자신의 욕구를 채우려는 아이들이 있습니다. 갖고 싶은 것이 손에 들어올 때까지 그 자리를 떠나지 않아요. 바닥에 드러눕고 의자를 걷어차며 소란을 부리지요.

아이가 떼쓰는 습관을 들이기 전에, 평소 아이의 욕구에 대해 부모의 입장을 일방적으로 강요하지 말고 아이가 납득할 수 있도록 대화하는 것이 중요합니다. 구체적인 방법을 네 단계로 소개합니다.

1단계, 미리 약속한다.

사전에 **문제가 될 법한 사태를 예측하고 대화한 후 약속을 정합니다.** 아이가 받아들일 수 있는 이유를 함께 말해두는 것이 중요합니다.

(장 보러 가기 전) "집에 간식이 많으니까 과자는 하나만 살 거야."

(공원에서 놀기 전) "저녁을 먹어야 하니까 6시가 되면 돌아갈 거야."

(TV를 보기 전) "늦게 자면 일찍 일어날 수 없으니까 TV는 9시까지만 볼 거야."

2단계, (약속을 깨더라도) 일단 공감한다.

떼쓰는 모습을 보면 부모도 화가 나지만 **우선 아이의 감정을 받아들입니다.** "그 장난감이 갖고 싶구나", "더 놀고 싶구나"라며 아이의 입장에 서서 공감해주세요. 주변이 어수선하거나 공공장소라서 다른 사람의 시선이 신경 쓰인다면 조용히 이야기할 수 있는 장소로 이동하세요. 장소를 바꾸면 마음이 진정되기도 합니다. 또한 부모가 진지하게 대화를 청하면 아이도 대충 넘어갈 수 없다는 것을 눈치챕니다.

3단계, 약속을 일깨우고 '일인칭 화법'으로 부모의 느낌을 전달한다.

아이가 진정되었다면 "○○하니까 ○○한 기분이야"라는 형식으로 부모 자신을 주어로 한 '일인칭 화법I-Message'으로 아이의 행동의 결과 부모가 어떤 느낌인지 전달하세요. "마트에 오기 전에 과자는 하나만 사기로 약속했는데, 여러 개 사달라고 떼를 써서 엄마는 실망이야."

4단계, 프레젠테이션을 하게 한다.

부모의 생각을 전한 다음 아이의 의견을 다시 들어봅니다. 프레젠테이션 시간을 갖는 거예요. 제가 운영하는 학교에서는 '원하는 것이 있으면 프레젠테이션을 한다'는 규칙이 있습니다. 친구들을 모아 프로젝트를 진행하려면 하고 싶다는 마음만으로는 부족합니다. 하고 싶다는 마음을 자신의 언어로 표현해서 동료들이 공감하고 동의하는 과정이 뒤따라야 합니다. 사회에 나가도 마찬가지예요.

아이의 프레젠테이션을 듣고 나서 주장하는 '이유'와 그 제안을 받아들였을 때 '상대방에게 좋은 점'을 중심으로 솔직하게 질문하세요. 그러면 아이도 듣는 사람의 입장에서 더욱 깊게 생각할 수 있습니다.

(이유) "왜 그렇게 생각해? 그 이유는 뭐야?"

(상대방에게 좋은 점) "아빠가 그렇게 해줘야 하는 이유는 뭔데. 아빠가 왜 그래야 하지?"

"우리 반 애들도 다 가지고 있으니까", "옛날부터 갖고 싶었단 말이야"처럼 인정하기 힘든 의견을 내놓을 수도 있습니다. 설득력이 약해 자기 의견이 받아들여지지 않으면 삐치거나 분통을 터뜨리는 아이도 있습니다. 하지만 그런 경험을 통해 **어떻게 해야 상대에게 자신의 뜻을 제대로 전달하고 그 정당성을 인정받을 수 있는지** 생각하게 됩니다. 일방적인 억지 주장이 점점 줄어들며 조금씩 설득력을 높일 수 있죠.

아이가 초등학생이 되었다면 '갖고 싶은 것이나 가족과 함께 하고 싶은 게 있으면 프레젠테이션을 한다'는 규칙을 만들어 실행해 보면 어떨까요?

끝까지 해내는 아이의 부모는 아이에게 타인을 설득하는 프레젠테이션을 연습시킨다!

17

10분 전에 등교 준비를 마친다

"이제 슬슬 일어나야지!" "밥을 아직도 먹고 있니?" "양치질하라고 몇 번이나 말해야 알아들어?" "시간 없으니까 아무거나 입어!" "가방 챙겼어?" "그러다 지각한다!" 쉬지 않고 아이를 재촉해도 잠시 눈을 떼면 늑장을 부리거나 스마트폰에 빠져 있기도 합니다. 부모만 마음이 급하고 안달이 납니다. "언제까지 그러고 있을래?" 하며 혼을 내야 겨우 움직이기 시작합니다. 매일 부모가 깨우고 등교 준비를 거들지 않으면 지각을 면하기 어려운 아이들이 있습니다.

스스로 계획을 세워서 해야 할 일을 정리하고 정해진 시간 안에 실행하는 것은 끝까지 해내는 힘을 기를 때 빼놓을 수 없는 습관입니다.

이번에는 '**준비 보드**'를 활용해서 아이가 등교하기 10분 전에 나갈 준비를 마칠 수 있게 도와주는 법을 소개합니다. **등교 준비가 게임처럼**

즐거워지면 스스로 준비하는 습관도 자연스럽게 붙게 됩니다. 하지만 시중에서 파는 보드를 사다 주기만 하면 작심삼일로 끝나기 쉽습니다. 제대로 쓰기 위해서는 몇 가지 준비물과 요령이 필요합니다.

- 화이트보드 자석시트
- 캐릭터 냉장고 자석
- 펜
- 타이머

'등교 전', '하교 후', '취침 전', 세 가지 시간대로 나누어 해야 할 일과 목표 시간을 아이와 함께 정하고 화이트보드에 씁니다. 아이가 좋아하는 캐릭터 냉장고 자석들을 칭찬 스티커 용도로 활용합니다.

각 시간대의 맨 위에 할 일을 모두 마쳐야 하는 목표 시간을 적습니다. 가장 아래 적는 것은 '보너스 타임'입니다. 시간 안에 할 일을 끝냈을 때 할 수 있는 즐거운 일을 아이에게 물어보고 적어 넣습니다.

시간대	등교 전 / 아침 7:30	하교 후 / 저녁 7:00	취침 전 / 밤 9:00
해야 할 일	아침밥 15분 양치 3분 세수 3분 옷 입기 5분 준비물 체크 3분	신발 정리 1분 손 씻기 2분 숙제 20분 학습지 20분 독서 30분	학교 갈 준비 5분 목욕 15분 양치 3분
보너스 타임	애니메이션 시청	스마트폰 30분	게임 30분

마스킹 테이프로 장식하거나 그림을 그려 넣으면 아이도 더욱 즐겁게 도전할 수 있을 거예요. 아침에 일어날 때 아이가 좋아하는 신나는 노래를 배경음악으로 틀어 놓는 것도 의욕을 높이는 좋은 방법입니다.

이렇게 계획표를 작성한 후 매일 아침 다음의 순서로 실행합니다.

1. 아침에 일어나면 보드를 확인한다.
2. 타이머를 과제별로 목표 시간에 맞추고 행동을 시작한다.
3. 각 과제를 완수할 때마다 캐릭터 자석을 붙인다. 완수한 과제에 캐릭터 자석만 붙이지 말고, 가끔은 '성공!', '밥 맛있었니?', '오늘도 잘하고 있어!' 같은 관심과 응원을 표현하는 칭찬 메시지도 적는다.
4. 목표 시간 안에 모두 끝냈다면 보너스 타임.
5. 자기 전에 아이와 함께 보드를 보며 잘한 부분은 칭찬하고 어떻게 하면 성공할 수 있을지 작전을 짠다. 보너스 타임 내용을 내일 하고 싶은 일로 바꾼다.

아침에 즐거운 일이 기다리고 있다면 빨리 자고 싶습니다. 일어났을 때도 눈이 바로 떠질 거예요. 해야 할 일과 목표 시간, 과제 완수 여부가 '시각화'되어 있어서 성취감을 맛볼 수 있습니다. 게임을 하는 것처럼 등교 준비도 즐겁게 할 수 있어요. '시간 안에 전부 끝내고 싶어!', '오늘은 꼭 보너스 타임을 얻고야 말 거야!' 같은 목표가 있고, 끝나면 즐거운 일이 기다리고 있으니까 자발적인 동기로 행동할 수 있게 됩니다. 억지로 움직이게 하려 하지 말고 움직이고 싶어지는 환경을 만들어 보세요.

☞ 끝까지 해내는 아이의 부모는 아이 스스로 기분 좋게 일어나 등교 준비를 할 수 있도록 미션과 보상을 준비한다!

18

방을 깨끗이 정리한다

아이 방바닥을 가득 메운 장난감을 보고 할 말을 잃습니다. 공들여 치워 놓아도 5분 만에 지저분해집니다. 거실에도 색연필이며 인형, 책들이 여기저기 굴러다닙니다. 방심한 순간 레고 조각을 밟고 맙니다. 마음 편히 앉아서 쉴 공간도 없을 때가 있습니다. "몇 번 말해야 알겠어? 빨리 안 치워!" 좀처럼 치우지 않는 아이 때문에 울컥하다가 결국 어른이 치우곤 합니다. 이처럼 정리 정돈이 안 되는 아이 때문에 골치를 앓는 부모님들이 많을 거예요.

쉽게 포기하는 사람들은 정리 정돈을 잘하지 못하는 경향이 있습니다. 꺼낸 물건을 제자리에 놓지 않아 방이 언제나 너저분하지요. 온갖 장난감을 꺼내서 놀다가 어차피 또 놀 거라는 핑계를 대고 그 자리에 내버려 두기 일쑤입니다. 그러다 보면 어디에 뭐가 있는지 모르기 때문에 필요한 것을 찾는 데 시간이 걸리고, 물건을 잃어버리기도 합니다.

정리 정돈 습관은 학습에도 크게 영향을 미칩니다. 물건이 책상 위를 점령하고 있어서 공부할 공간을 만드느라 시간이 걸리고 먼저 물건을 치우다가 딴 데 정신이 팔리기도 합니다. 지우개가 필요하면 한참 찾아다니고, 지우개를 찾다가 장난감을 발견하면 그냥 놀기 시작합니다. 주변 물건들이 신경 쓰여서 공부에 집중할 수 없어요.

아이가 스스로 정리할 수 있으려면 일단 **'정리는 중요하다'**, **'정리하면 기분이 좋다'**, **'정리는 간단하다'**라고 생각해야 합니다. 이렇게 할 수 있도록 도와주는 방법 네 가지를 소개합니다.

첫째, 공간을 나눈다.

거실은 **아이가 자유롭게 장난감을 가지고 놀 수 있는 '어린이 공간'과 가족이 쉴 수 있는 '휴식 공간'으로 확실히 나눕니다.** 매트를 깔아서 눈으로 구별할 수 있게 하면 효과적입니다. 아이가 받아들일 수 있도록 이유를 말한 후 어린이 공간에서만 논다는 규칙을 만듭니다. 어린이 공간 안에 큰 상자를 두어서 다 논 다음에는 그 안에 장난감을 정리하게 합니다.

둘째, 상자 세 개에 정리하자.

정리 정돈의 포인트는 **'어디에 두었는지 바로 안다'**, **'즉시 꺼낼 수 있**

다', '간단히 정리할 수 있다' 세 가지입니다. 수납 상자와 수납장이 너무 많아서 물건이 어디에 있는지 모르는 상태라면 정리하는 것도 힘들고 꺼내 쓸 때마다 신경 쓰이지요.

수납 상자는 세 개만 씁니다. 투명해서 안이 보이는 것이 좋습니다. 어떻게 분류할지 아이와 함께 이야기하며 결정합니다. 예를 들면 '자주 가지고 노는 좋아하는 장난감', '가끔 가지고 노는 장난감', '잘 가지고 놀지 않지만 버리기는 싫은 장난감' 같은 기준을 만들 수 있지요.

셋째, 정리된 상태를 느낀다.

정리하면 기분 좋다는 것을 느끼게 해주기 위해 우선 아이가 쾌적하게 지낼 수 있는 공간을 함께 만듭니다. 장난감, 책, 공부 도구, 가방, 옷 등을 어디에 둘지 아이와 함께 정하세요. 아이 마음에 쏙 드는 방이 완성되었다면 사진을 찍습니다. 각 공간 옆에 붙여 놓으면 나중에 사진을 보며 아이 혼자 정리할 수 있어요.

정리가 끝났다면 "정리하니까 상쾌하고 기분 좋다. 그렇지?" 하고 아이에게도 물어보세요. 쾌적한 나만의 공간을 느끼고 나면 그 상태를 유지하고 싶다는 마음이 생길 거예요.

넷째, 정리 정돈 루틴을 만들자.

정리할 시간이 되면 힘찬 배경음악(3~5분 정도의 곡)을 틀어 놓으세요. “음악이 끝날 때까지 누가 빨리 정리하나 시합하자”라며 참여를 유도하면 게임하듯 즐겁게 정리할 수 있습니다. 처음에는 부모도 함께 진지한 자세로 시합에 임해주세요. 더 놀고 싶어 하던 아이도 정리용 음악을 들으면 반사적으로 마음 상태가 바뀌게 됩니다.

☞ **끝까지 해내는 아이의 부모는 정리하면 기분이 좋아진다는 것을 느끼게 해준다!**

19

이미 가진 것들에 감사한다

"○○네 집처럼 하와이에 가고 싶어!" "나도 새 장난감 사 줘!" "다른 게임 하고 싶어!" "이거 싫은데. 햄버거 먹고 싶었단 말이야." 갖고 싶은 것들, 하고 싶은 것들은 한없이 많고, 불평거리는 끊이지 않습니다. 초등학생이 된 후에도 계속 '미운 일곱 살' 상태가 이어집니다. 어린 시절 제가 바로 그랬습니다.

쉽게 포기하는 사람들은 갖고 있지 않은 것들이 더 커 보입니다. 늘 친구와 비교하며 자기에게 없는 것들을 더 갖고 싶어 합니다. 이미 가진 것들에 대해서는 '그딴 거 필요 없어', '그건 하고 싶은 게 아니야' 라며 불평만 내뱉어서 주위 사람들을 난처하게 하지요. 원하던 물건을 얻어도 기쁨은 한순간입니다. 금방 자기에게 없는 물건이 아쉬워집니다.

감사하는 마음을 지닌 사람이 행복하다는 것이 많은 연구 결과에서 밝혀졌습니다. 없는 것에 눈길이 가면 감사하는 마음이 사라지고 늘 불만스럽지요. 이것도 없고 저것도 없는 나는 불행하다고 생각하는 상태에 빠져 있으면 행동에 나설 의욕도 나지 않을 거예요. 아이들이 부모나 선생님 등 다른 사람들의 호의와 노력으로 자신이 누리고 있는 것들을 깨닫고 감사하는 마음을 갖길 바랍니다.

제게 감사하는 마음을 불어넣어 준 대표적인 경험 두 가지를 공유하고 싶습니다. 집에서 실천해볼 방법도 함께 제안합니다.

첫째, '잃어버리는' 경험

미국 유학을 떠나며 가지고 있던 대부분의 것들을 잃었습니다. 집, 차, 스마트폰, 직업까지. 가까운 곳에 가족이나 친구도 없었고 말도 통하지 않았어요. 제일 좋아하는 음식인 초밥을 먹을 곳도 없었지요. 그야말로 아무것도 없는 상태였습니다. 그렇게 되니 사소한 일이 기쁨으로 바뀌었습니다. 추운 겨울에 버스를 기다리고 있다가 자동차의 고마움을 깨닫게 되고, 살 집이 마땅치 않아 고생했을 때는 내 방이 있음이 얼마나 행복한 일인지 알게 되었습니다. 감기에 걸려 혼자 앓으면서 새삼 가족의 중요성을 깨달았지요. 지금까지 **당연하게 누려왔던 것들이 사실은 모두 누군가의 사랑과 배려 덕분이거나 운이 좋았기 때문**임을 알게 된 거예요. 그것을 깨닫자 저를 키워준 모든 사람과 환경에 진심으로 '감사하다'고 말할 수 있었습니다. 당연함을 잃게 되니 감사하는 마음이 자연스럽게 샘솟은 것이지요.

이렇게 극단적인 경험이 아니더라도 평소 누리고 있는 것들에 감사하게 해주는 활동은 많습니다.

- 캠핑, 자연 체험학습, 방학을 이용한 연수 프로그램 등을 통해 일상을 벗어나는 체험을 한다.
- 친척 집에서 며칠 동안 생활한다.
- 부모가 전적으로 하던 집안일을 조금씩 아이에게 위임한다. 간단한 심부름부터 시작해서 빨래 널기, 채소 씻기, 우편물 발송 등 점점 더 중요하고 복잡한 일을 아이에게 맡긴다. 그런 경험을 통해 아이는 당연하게 누리는 일상이 어른들의 부단한 노력과 수고로 지탱되고 있음을 알게 된다.

둘째, '만드는' 경험

사회인이 되고 난 후 댄스 이벤트를 통해 지역 사회를 활성화하는 일을 시작했습니다. 우리 같은 젊은이들이 하는 말을 누가 들어줄까 싶었는데 의미 있는 일을 하고 있으니 무엇이든 도와주겠다며 중소기업 경영자나 지역에서 활동하는 어른들이 힘을 보태주었습니다. 협찬을 해주거나 홍보를 도와주거나 무대 설치도 해주었어요.

때마침 공공기관의 도움도 받아 큰 무대에서 행사를 개최하게 되었습니다. 한밤중에 공터에서 몰래 연습하던 댄서들이 지역 중심가에서 스포트라이트를 받으며 마음껏 자신을 표현했어요. 가슴이 떨리는 순간이었습니다. 도와준 지역 어른들에게 진심으로 감사했어요. 스스로 행동해서 뭔가를 만들어보는 경험을 통해 혼자만의 힘으로는 아무것도 할 수 없다는 것을 깨달은 거예요.

아이들도 아래와 같은 활동을 통해 그런 경험을 할 수 있습니다.

- 유아나 아동을 위한 직업체험 이벤트에 참가하거나 벼룩시장에서 물건을 팔거나 지역 행사에서 자원봉사를 하는 등 직접 몸으로 하는 사회 참여 활동을 해본다.
- 새로운 경험을 할 수 있는 주말 체험학교 등의 교육 프로그램에 참가한다.
- 생일 파티나 친구 모임 등을 처음부터 기획하고 진행해 본다.

힘들었던 경험, 노력한 결과를 통해 당연하다고 생각했던 것들이 누군가의 배려나 노력으로 이루어진 것임을 알게 되면 자연스럽게 감사하는 마음이 생겨납니다. 모든 것을 다 주려 하지 말고, **아이가 당연하게 누리는 것들이 부재하거나 노력을 통해서만 얻을 수 있는 상황을 종종 경험하게 해주세요.**

끝까지 해내는 아이의 부모는 당연하게 누리는 것들에 대한 고마움을 알려준다!

공부습관

3

20

의욕이 넘친다

"일단 의욕이 없어요. 영어 학원도 다니자마자 '싫어, 이제 그만 다닐래' 이런다니까요. 반년 넘게 다녀 본 학원이 없어요. 영어 학원은 더 다녔으면 좋겠는데 좋은 방법 없을까요?" 이런 상담을 받을 때가 있습니다. 저는 기본적으로 아이가 하기 싫어하면 그만두는 게 낫다고 생각합니다. 억지로 시켜봤자 제대로 배우지 못하고 더 싫어지기만 하기 때문이에요.

하지만 사전에 '1년은 다닌다'고 약속했거나 교재와 도구를 전부 사 버린 바람에 "하기 싫으면 그만해"라고 말하기 힘든 부모님의 마음도 이해합니다. 한편, 배우기 시작하자마자 그만두어 버리면 정말 재미있는 부분은 경험하지 못한 채 아이의 인생에서 그 과목이나 운동, 악기가 영원히 사라져 버릴 수 있습니다. 평생 즐길 수도 있는 미술, 태권도, 피아노, 서예, 바둑 같은 것들을 제대로 익히기도 전에 지겹고 힘들다는 고정관념이 생겨 버려 다시는 그것들을 시도하지 않게 될 수도 있습니다. 그런 일은 막아야겠지요.

저 역시 우리 학교에 오는 아이들이 이곳을 좋아하도록 늘 최선을 다합니다. 일주일 중 우리 학교에 오는 날이 가장 즐거운 날이라 "빨리 목요일이 되었으면 좋겠다"라고 생각하길 바랍니다. 아이가 아이답게 지낼 수 있는 특별한 장소, 정말 하고 싶은 일을 발견해서 온 힘을 쏟아부을 수 있는 장소를 만들고 싶습니다. 그런 희망을 담아 7년 동안 다른 교직원들과 힘을 합쳐 아이가 푹 빠질 수 있는 학교를 만들어왔어요.

이번에는 교육심리학자인 존 켈러가 제창한 **'ARCS 모형'**을 바탕으로 아이들의 의욕을 끌어올리는 방법 네 가지를 소개합니다.

주의집중Attention "해보고 싶어!"

'재미있을 것 같아', '더 알고 싶어' 같은 아이의 호기심을 자극합니다. 아이와 시합을 하거나 시간을 재거나 퀴즈를 내거나 아이의 행동 하나하나에 반응하며 TV 아나운서처럼 중계합니다. "이걸 해내면 진짜 대단한 거야"라고 자극하거나 "참 재미있는 건데"라며 흥미를 끕니다. 설명은 줄이고 체험에 중점을 두거나 기초 훈련보다 먼저 실전에 도전함으로써 가장 재미있는 부분을 맛보게 해주어 학습 동기를 유발합니다. 그 과제나 실험과 관련된 실제 물건을 보여주거나 그 분야의 일인자와 접할 기회를 만드는 것도 좋습니다.

관련성Relevance **"배우면 도움이 될 것 같아!"**

이것을 배우는 것이 필요한 일임을 일깨워주세요. 그러면 수동적인 자세에서 벗어나 스스로 시도하게 됩니다. "이걸 하면 뭐가 좋을까?" 하고 물어봅니다. "우주비행사가 되고 싶다고 했지? 우주비행사가 되려면 수학을 잘해야 해. 화성까지 갔다 돌아오려면 비행 거리가 얼마나 되는지, 식량과 산소가 얼마나 필요한지 수학적으로 계산해야 하거든." 이처럼 공부의 이점을 전달하거나 연습 목적을 설명합니다.

자신감Confidence **"하면 될 것 같아!"**

노력하면 이룰 수 있다는 믿음을 줍니다. 성취 목표를 단계별로 세분화해서 나누면 아이가 성공할 기회가 늘어납니다. 목표를 설정하고 학습 방법을 결정할 때 아이의 의견을 존중해서 반영합니다. 실패를 허용하고 아이가 친근감을 느끼고 역할 모델로 삼을 만한 또래 아이의 사례를 제시할 수도 있습니다. 다른 사람이 아니라 아이의 과거와 현재를 비교해서 성취도를 측정합니다. 성공했을 때 자신의 기분과 모습이 어떨지 상상하게 합니다.

만족감Satisfaction **"해보길 잘했어!"**

해보길 잘했다는 기쁨과 만족감을 얻게 해줍니다. 즐겁고 재미있는 경험을 하면 다시 한번 하고 싶어지지요. 결과를 점수화해서 지난 번보다 성장했음을 느끼게 해줍니다. 간식을 주거나 상을 주는 등 보상을 하는 방법은 처음 몇 번은 효과가 있지만, 여러 번 하다 보면 효과가 없어지므로 주의해야 합니다. 스스로 만족해서 하게 되면 언제까지나 몰두할 수 있지만, 외적 보상 때문에 열심히 한다면 보상이 없거나 기대에 미치지 못하는 경우 오히려 의욕이 떨어지는 역효과가 생기기 쉽습니다.

☞ **끝까지 해내는 아이의 부모는 의욕에 불을 지피는 방법을 알고 있다!**

21

공부를 게임처럼 한다

"빨리 숙제해!" 초등학생 자녀를 둔 부모라면 이런 말을 해보았을 것입니다. 잔소리하면 의욕이 사라진다는 것을 알고, 아이가 즐기면서 자발적으로 공부하길 바랍니다. 하지만 시험이 코앞으로 다가왔는데 좀처럼 공부하지 않는 아이를 보면 그만 큰소리가 나오고 말지요.

쉽게 포기하는 사람들은 억지로 공부합니다. 엄마 아빠가 뭐라고 하니까, 선생님한테 혼나니까 어쩔 수 없이 하지요. 공부를 안 하면 친구와 놀지 못하고, 좋아하는 게임도 할 수 없거든요. 그런 마음으로 공부하니까 학습한 내용이 머리에 들어오지 않고, 공부가 더욱 싫어집니다. 입시가 끝나면 '두 번 다시 공부 같은 건 안 할 거야'라며 공부도 졸업해버리지요.

스트레스를 느끼며 학습하면 기억을 관장하는 뇌내 작업 기억working

memory 능력이 저하돼 학습 효과가 떨어진다는 것이 밝혀졌습니다.

제 수업에서는 게이미피케이션gamification을 도입한 수업을 중시합니다. 게이미피케이션이란 몰입을 유도하는 게임적인 요소를 다른 분야에 활용하는 것을 뜻해요. 부모에게 억지로 끌려와서 영어를 배우기 시작한 아이도 "어서 목요일이 되어 영어 수업을 듣고 싶다"고 말할 정도로 영어를 좋아하게 되지요.

공부를 게임화하는 비법 다섯 가지를 소개합니다.

첫째, 시간을 잰다.

숙제를 시작하기 전에 "몇 분 안에 다 할 수 있을까?"라고 목표 시간을 물어보세요. 타이머를 맞춰놓고 시작합니다. 이처럼 수치화할 수 있는 목표를 정하는 것이 포인트입니다.

둘째, 목표는 세세하게 쪼개서 정한다.

많은 양의 숙제를 아이 수준에 맞게 세세하게 나누면 작은 성취감을 여러 번 느낄 수 있습니다. 페이지 수로 정해도 되고 단원별로 나누어도 괜찮습니다. 세세하게 나눈 후에는 레벨을 설정합니다. 예를 들어 5페이지 했다면 레벨1, 10페이지 했다면 레벨2, 15페이지 했다면 레벨3, 모든 과업을 달성했으면 최고 레벨이 됩니다. "오늘은 레벨 몇까지 해볼래?"라고 물어보며 게임을 하는 느낌을 주는 것이 좋습니다.

셋째, 시합한다.

경쟁 상대가 눈앞에 있으면 의욕이 높아지는 경우가 많습니다. "빨래 개는 거랑 한자 외우는 거랑 어느 쪽이 빠른지 시합하자." "엄마가 장을 보고 오기 전까지 숙제를 끝낼 수 있을까? 우리 내기할래?"

넷째, 자투리 시간을 이용해 공부한다.

이동 시간이나 대기 시간 같은 자투리 시간은 집중할 수 있는 절호의 기회입니다. 언제 어디서든 빈 시간이 생기면 재빨리 공부할 수 있게 준비합니다. 요점 메모, 구구단 카드나 영단어 카드를 가지고 다니면 좋습니다.

다섯째, 끝낸 일을 시각화한다.

사람은 앞으로 나아가고 있다고 느낄 때 의욕이 생깁니다. 이제까지 얼마나 했나, 목표까지 얼마나 남았나 눈으로 봐서 알 수 있는 장치를 마련합니다. 숙제를 7시까지 끝냈다면 그날 달력에 칭찬 스티커를 붙인다거나 도장을 찍습니다. 아이의 노력을 아이 자신뿐 아니라 가족도 알 수 있게 하는 것이 포인트입니다. 함께 보며 "늘 열심히 하는구나" 하고 노력을 인정해주고 칭찬해주세요. "공부해라"가 아니라 공부를 하고 싶어지는 장치를 아이와 함께 생각해 보세요.

☞ **끝까지 해내는 아이의 부모는 숙제를 게임화한다!**

22

현장에서 체험한다

'알고 있는 것'으로 끝나면 안 됩니다. 편리한 세상입니다. 스마트폰으로 알고 싶은 정보에 언제든 접속할 수 있고, 문제가 생겼을 때도 인터넷이나 유튜브를 검색하면 온갖 사람들이 해답을 알려주지요. 공부하지 않아도, 직접 해보지 않아도 뭐든 다 알고 있는 기분이 들기 쉽습니다.

예전에 수업 도중 아이들에게 "여러분이 사는 이 고장을 좋아하나요?"라고 물어보았던 적이 있습니다. 눈앞에 앉아 있는 20명의 아이 중 아무도 손을 들지 않았습니다. "어? 모두들 이 고장을 안 좋아하나요?" 하고 묻자 누군가 "안 좋아해요! 놀 데도 없고 큰 쇼핑몰도 없고. 빨리 큰 도시로 가고 싶어요!"라고 답했습니다. 제가 "우리 고장은 귤 수확량이 전국 1위예요. 우리 학교 바로 옆에는 재미있는 장난감 가게도 있고 동네 시장에서는 각종 행사도 자주 하고. 아주 멋진 노천 온천도 있고…"라고 말했더니 "알아요. 유튜브에서 본 적 있는데 별거 아니던데요? 어른들도 여기에는 볼만한 게 아무것도 없대요"라는 답이 돌아왔습니다. 아이들 다수가 스스로 확인하지도 않고 누군가에게서 들은 정보만 가지고 이 고장은 재미없다고 판단하고 있었어요.

'알고 있는 것'과 '느낀 것'은 다릅니다. 여기에 유명한 노천 온천이 있다는 정보는 알아도 상쾌한 바람을 맞으며 아름다운 바다를 바라보면서 온천물에 몸을 담그는 행복감은 직접 몸으로 느끼지 않으면 알 수 없습니다. 이 고장의 귤 수확량이 전국 1위라는 것은 알아도 귤 농가에서 어떤 마음으로 귤을 키우는지는 모르겠지요. 태풍으로부터 귤을 지키기 위해 24시간 돌아가며 목숨을 걸고 농장을 지킨다는 것을 모릅니다. 그러니 태풍 경보가 발효되면 학교에 안 가도 된다고 철없이 기뻐합니다. 귤을 키우는 사람을 만나지 못했기 때문에 그들의 삶을 상상할 수 없는 거예요.

하지만 **지역 사람들이 어떻게 살고 있는지 상상하고 교감하는 능력은 사회에 나가 다른 사람과 함께 일할 때 매우 중요합니다.** 그래서 저는 '알고 있는 것'으로 끝나면 안 된다고 생각합니다.

"이 고장에는 아무것도 없다고? 정말 아무것도 없나 확인해봅시다!" 이 일을 계기로 '우리 고장 직업 책 만들기 프로젝트'가 시작되었습니다. 아이들과 함께 교실에서 뛰쳐나가서 재미있어 보이는 가게와 일터를 찾아다녔습니다. 흥미로운 곳을 발견하면 들어가서 인터뷰했어요.

"왜 반찬가게를 시작하셨어요?" "추천 상품은 어떤 건가요?" "이 일을 하며 좋았던 점은 무엇인가요?" 이렇게 질문하고 돌아온 답변을 들으며 느낀 점을 글로 써서 책으로 완성했습니다. 이 책에는 아이들이 말한 내용이 그대로 수록되었습니다.

"자전거 수리점에서 일하는 분의 손이 새까매서 깜짝 놀랐다. 하지만 그게 싫다고 느낀 적은 없다고 하셨다."

"손님이 국물을 끝까지 마신 다음 맛있다고 말해주는 것, 그것이 라멘 가게를 하며 느끼는 기쁨이라고 한다."

"일은 힘든 거라고 생각했는데, 거리에서 만난 어른들은 모두 웃고 있었다. 그러니까 일하는 것은 분명 즐거운 것이다."

이 고장에는 아무것도 없다고 말하던 아이들이었지요. 이 말에서 따와 '아무것도 없는 것은 아니야!'가 이 책의 홍보 문구가 되었습니다. 우리 고장 구석구석을 실제로 걷고 지역 사람들과 교류함으로써 아이들의 생각이 달라졌습니다.

지식으로 '알고 있는 것'뿐이라면 마음이 움직이는 만남은 찾아오지 않습니다. **직접 해봐야 비로소 정말 하고 싶은 일을 찾을 수 있습니다.** '이런 말을 하면 상처받을 거야'라며 상대의 입장을 상상해서 행동할 수 있게 되지요.

아이가 흥미를 느끼는 일이 있다면 그 현장으로 데리고 가세요. 공룡을 좋아하면 공룡박물관으로, 축구를 좋아하면 축구 경기장으로. 유튜브 화면에서 얻을 수 있는 것보다 훨씬 더 큰 감동을 맛볼 수 있을 거예요. 그런 감동을 통해, 하고 싶다는 마음이 무럭무럭 자라납니다.

☞ 끝까지 해내는 아이의 부모는 실제로 체험하게 해준다!

23

부모의 선생님이 된다

사람은 한 번 학습한 것을 하루가 지나면 얼마나 잊어버릴까요? 독일의 심리학자인 에빙하우스의 연구에 따르면 **하루 만에 67%를 잊어버립니다.** 벼락치기로 공부한 내용은 며칠이 지나면 대부분 사라져 버리는 거예요. 개인차가 있겠지만 학교와 학원에서 수업을 듣는 것만으로는 부족합니다. 학습 방법을 바꾸지 않으면 배운 내용을 모두 까먹을지도 모릅니다.

미국행동과학연구소NTL는 학습 방법과 학습 정착률의 관계를 연구했습니다. 학습 정착률은 '강의'가 5%, '독서'가 10%, '시청각 자료 학습'이 20%, '시범, 실연demonstration'이 30%, '그룹 토론'이 50%, '체험'이 75%였습니다. 그리고 머리에 학습한 내용을 정착시키는 데 가장 효과적인 방법은 '다른 사람을 가르친다'로 90%였습니다. **다른 사**

람에게 가르치는 것이 가장 기억에 남는 것이지요.

제 수업에서도 '다른 사람을 가르치며 성장한다'라는 신념을 소중하게 생각합니다. 예를 들어 농구 교실에서는 고학년반 아이가 저학년반의 연습을 일정 부분 담당합니다. "어떻게 해야 알기 쉽게 전달할 수 있을까?" "어떻게 해야 1학년이 농구를 좋아할까?" 이렇게 리더에게 물어보고 고학년생이 짜온 교육 내용을 실제로 가르치게 합니다.

'내가 할 수 있는 것'과 '남에게 가르칠 수 있는 것'은 전혀 다른 문제입니다. 이제까지 알고 있다고 생각한 것도 사실 몰랐다는 것을 깨닫게 되지요. 이런 과제를 내면 수업을 받는 고학년생의 태도가 달라집니다. 선생님에게 배운 것을 어떻게 하면 1학년에게 이해시킬지 생각하며 수업을 듣게 되는 거예요. 3개월만 지나면 고학년 아이는 모두가 놀랄 정도로 실력이 향상됩니다.

기술만이 아닙니다. 자기 생각을 알기 쉽게 전달하는 능력, 규칙을 지키는 힘, 실패해도 포기하지 않는 마음도 자라납니다. '어떻게 하면 잘하게 될까?', '어떻게 하면 슛이 들어갈까?'를 **자기의 언어로 설명할 수 있기 때문**이에요. 설명할 수 있다는 것은 언제든 재현할 수 있다는 의미입니다. **'어쩌다 보니 됐다'가 '이렇게 하면 된다'로 바뀐 것**이지요. 시합에서 필요한 기술을 자연히 제 것으로 만들 수 있습니다. 또 저학년 아이들에게 '수업을 잘 듣고 경기 규칙을 지키는 것이 중요하다'고 자기의 말로 가르쳤으니 누가 보는 앞에서 규칙을 어길 수 없습니다. 책임감이 생기게 되는 것이죠.

저는 제 교실에 다니는 아이들의 보호자들에게도 집에서 **'아이의 학생이 될 것'**을 권장합니다. 방법은 간단합니다. 하루에 5분이라도 좋으니까 "오늘은 뭘 배웠니?", "뭐가 제일 재미있었어? 좀 가르쳐 줘"라고 흥미를 갖고 듣기만 하면 됩니다. 아이는 즐거운 마음으로 학교와 학원에서 배운 것을 가르쳐줄 거예요.

어떤 학부모님이 들려준 일화입니다. 영어 수업을 듣는 6살 여자아이가 집에 돌아가면 선생님 놀이를 하며 그날 배운 것을 가르쳐준다고 합니다. 몸짓까지 선생님을 그대로 흉내 내서 가족 모두가 웃는다고 해요. 상상하기만 해도 귀엽지요.

이처럼 **부모가 이야기를 들어주는 것이 아이는 세상 무엇보다 기쁩니다.** '내가 공부한 것을 흥미롭게 듣고 있어. 내일 또 알려 드려야지' 하고 학교나 학원에서 집중해서 수업을 듣게 됩니다. 어떤 것을 가르칠지 **출력output할 것을 전제로 이야기를 들으니까 자연히 정보가 일목요연하게 정리되어 머릿속에 입력input됩니다.** 그 결과 바로 쓸 수 있는 지식으로 기억되는 거예요.

고학년이 되면 부끄러워하는 아이도 있으니까 저학년 때부터 배운 것을 집에서 출력하는 습관을 만들어주세요. 부모에게는 너무 쉬워 흥미가 생기지 않더라도 "꼭 가르쳐줘, 정말 알고 싶어"라며 연기를 하며 동기를 부여하는 것도 중요합니다.

☞ **끝까지 해내는 아이의 부모는 하루에 5분, 아이의 학생이 된다!**

24

우선 모방한다

이제까지 천 명이 넘는 아이들에게 농구를 가르쳤습니다. 그 경험 속에서 실력이 느는 아이들에게는 어떤 공통점이 있음을 알게 되었습니다.

눈으로 본 동작을 바로 흉내 낼 수 있는가. 스포츠뿐 아니라 어느 분야든 모방 능력이 우수한 아이는 선생님이 가르친 것을 바로 흉내 내면서 다양한 기술을 익힙니다. 그렇지 않은 아이는 잘하게 될 때까지 시간이 걸립니다. 어릴 적 저는 모방 능력이 부족한 아이였어요. 가르쳐 준 것을 무시하고 남과 다른 것을 하려고 집착했지요.

물론 스스로 생각해서 행동하는 것은 중요합니다. 하지만 뭔가를 배울 때는 순서가 있는 법이에요. 그 순서를 따르면 습득 속도도 빨라지고 해냈다는 성공 경험을 바로 얻을 수 있어 자신감도 높아집니다.

모방—실험—창조의 3단계를 통해 새로운 지식과 기술을 효과적으로 익힐 수 있습니다.

모방은 가르침에 충실히 따르는 단계입니다. 자기 머리로 생각하기에 앞서 우선 제대로 관찰합니다. 배운 것을 반복 연습해서 형식을 몸에 익히는 거예요. 배움은 우선 배운 것을 흉내 내는 것에서 시작됩니다.

실험은 자기만의 것을 발견하는 단계입니다. 선생님이 가르친 것만 열심히 하는 것이 아니라 무엇을 위해 하는지, 더 좋은 방법은 없는지 스스로 생각하고 떠오른 것을 실험해봅니다. 그런 시행착오 속에서 나에게 걸맞은 형태를 발견해서 익히는 것입니다.

마지막으로 **창조는 가르침에서 벗어나 자기만의 것을 표현하는 단계**입니다. 선생님, 또는 멘토로부터 독립하고 학교와 교습소를 벗어나 사회에서 '나다움'을 실천하며 독창적인 표현을 확립합니다.

어느 분야든 성장이 빠른 아이는 이 단계를 따릅니다. 처음부터 독창성을 추구하며 나만의 방법에 너무 집착하는 아이는 좀처럼 실력이 늘지 않고 도중에 그만두는 경우가 많습니다.

새로운 것을 시작할 때는 우선 흉내 내는 것이 중요합니다. 물론 이제 막 시작한 단계인데 기초만 반복해서 연습시키면서 선생님이 하는 말에 무조건 따르라고 하면 모두 그만두겠지요. 즐겁지 않으면 계속할 수 없으니까요.

그래서 제 교실에서는 새로운 것을 배울 때 **'동기 유발'** 단계를 마련합니다. **'동기 유발'은 하고 싶은 마음에 불을 붙이는 단계**입니다. '좀 더 잘하고 싶어!', '더 알고 싶어!'라는 호기심이 없다면 능력은 자라지 않습니다. 몰입함으로써 배우는 거예요. 특히 초등학생 이하의 아이들에게 중요한 단계입니다.

앞서 소개한 게임화와 함께 우리 학교에서 실천하고 있는 몰입 테크닉 세 가지를 소개합니다.

첫째, '해냈음'을 알린다.

배우기 시작할 때 먼저 작은 미션을 주고, 달성하면 아이와 함께 기쁨을 나눕니다. "열심히 하니까 성공했어", "처음 했을 때보다 기술이 늘었구나"라고 말해주어 아이에게 성장했음을 자각시킵니다.

둘째, '고마움'을 전한다.

'이곳에 와준 것', '이야기를 들어준 것', '성의를 다해 노력한 것' 등 아무리 작은 것이라도 좋으니 아이에게 고마움을 전합니다. 그 아이의 행동과 존재 자체를 긍정하는 메시지를 말과 몸짓으로 전하는 거예요. 마음이 편한 공간에 있는 아이는 실패를 두려워하지 않고 새로운 일에 도전할 수 있게 됩니다.

셋째, 역할 모델을 찾을 수 있는 환경을 만든다.

프로 선수의 경기를 텔레비전으로 보거나 고학년 아이들과 교류할 기회를 만듭니다. '마이클 조던처럼 되고 싶어!', '나도 저 5학년 언니처럼 슛을 넣고 싶어!' 같은 역할 모델을 스스로 발견하도록 이끄는 거예요.

☞ 끝까지 해내는 아이의 부모는 우선 하고 싶은 마음에 불을 붙인다!

25

성찰하는 습관이 있다

끝까지 해내는 아이는 **반드시 성찰하는 시간을 가집니다.** 문제를 풀었으면 채점해서 틀린 부분을 복습합니다. 발표회가 끝났으면 바로 비디오를 보며 체크합니다. 시합이 끝났다면 같은 팀 선수들과 의견을 교환하며 다음 시합을 위한 작전을 짭니다. '전력을 쏟아붓는다—능력을 시험한다—성찰한다'는 사이클을 통해 성장하지요.

성장하기 위해서는 자신을 객관적으로 보아야 합니다. 전력을 쏟아부었다고 끝이 아니에요. 결과물을 보며 좋았던 점과 고쳐야 할 점을 확인하고 지도자와 동료들의 조언을 받으며 다음 연습에 반영할 목표와 작전을 정합니다. '성찰'하지 않으면 현재 실력을 파악할 수 없으므로 다음에 무엇을 해야 좋을지 알 수 없어요.

우리 학교에서는 초등학교 1학년 때부터 'GBHGood Better How'를 활용해 성찰하는 방법을 가르치고 있습니다. 우선 공책을 준비해서 아래와 같이 내용을 적습니다.

1단계, 목표를 쓴다.

시작하기 전에 그날의 목표를 구체적으로 씁니다. '슛을 30번 쏜다', '연산 문제집 두 페이지를 푼다'처럼 목표에 숫자를 넣으면 나중에 점검할 때 유용합니다.

2단계, 좋았던 점Good을 쓴다.

목표와 대조하여 그날의 성과 중 좋았던 점을 씁니다. 결과만이 아니라 어떤 기분으로 했고 어떻게 행동했는지 준비와 과정, 임하는 자세도 함께 생각하면 좋았던 점을 찾기 쉽습니다. 새로운 한자를 다섯 개 외웠다, 시합이 끝날 때까지 최선을 다해 경기했다, 시합에서 왼손 드리블을 시도했다 등을 기록합니다.

3단계, 더 좋아질 수 있는 점Better을 쓴다.

'고쳐야 할 점'이라고 쓸 수도 있겠지만, 제가 근무했던 퍼스트티(골프를 통해 아이들에게 인생의 중요한 가치들을 가르치는 세계적인 교육기관)에서는 그런 표현 대신 "좀 더 좋아질 수 있는 부분은 어디일까?"라고 아이들에게 물었습니다. 그러면 자신의 약점을 인정하고 싶지 않은 아이도 입을 열지요. 개선점은 곧 성장할 수 있는 기회라는 사고법입니다. 왼손 드리블로는 원했던 위치로 공을 몰고 가기 어려웠다, 영어 'R' 발음이 제대로 안 된다, 새로운 기술을 연습했지만, 막상 시합에서 써먹을 기회를 못 잡았다 등을 기록하는 것입니다.

4단계, 어떻게 하면How 더 좋아질까?

가장 아래 칸에 좋았던 점G을 구체적으로 어떻게 더 발전시킬지, 성장할 기회B를 어떻게 활용할지 생각해서 적습니다. 여기에 쓴 것은 다음에 공부하거나 연습할 때 가장 위에 있는 목표 칸에 옮겨 적습니다. 왼손 드리블을 매일 30번 연습한다, 'R' 발음을 매일 5분씩 듣고 연습한다, 연습할 때 시합이라고 생각하고 슛을 쏜다 등 개선을 위한 구체적 실천 목표를 적는 것입니다.

GBH 작성 사례

<table>
<tr><th colspan="2">GOAL "사람들에게 즐겁게 말을 건다"</th></tr>
<tr><td>• 별로 말을 걸어본 적 없는 사람에게 시도한다.
• 하루에 두세 명에게 말을 건다.</td><td>• 지금 가르치는 1학년생에게 말을 건다.
• 말을 잘하는 재미있는 사람이 된다.</td></tr>
<tr><th>GOOD</th><th>BETTER</th></tr>
<tr><td>잘한 친구에게 '잘했어', 실력을 다 발휘하지 못한 친구에게 '아까웠어. 다음엔 잘할 거야'라고 말했다.</td><td>쉬는 시간에 아무에게도 말을 걸지 못했다.</td></tr>
<tr><th>HOW</th><th>HOW</th></tr>
<tr><td>지켜보고 있었다는 느낌이 들게 말한다.</td><td>연습이 끝난 후 어땠는지 긍정적인 얘기를 해준다.</td></tr>
</table>

개선점이 다음번 GBH 목표가 됩니다.

GOAL "지켜보고 있었다는 느낌이 들게 말한다."	
• '나이스 슛', '나이스 패스'처럼 듣는 사람이 기분 좋아지는 메시지를 건넨다.	• 연습이 끝난 후 어땠는지 긍정적인 얘기를 해준다.
GOOD	**BETTER**
연습 중에 '나이스', '원더풀'이라고 말했다.	'나이스', '잘한다'밖에 말하지 못했다.
HOW	**HOW**
1학년생도 알아들을 수 있게 말을 건다.	• '지난번보다 훨씬 더 잘했어'처럼 길게 얘기한다. • '힘내!' '나이스!'라고 말하며 몸짓으로도 표현한다.

GBH는 학교뿐 아니라 직장이나 다른 모임에서도 활용할 수 있습니다. 초등학교 저학년 시기부터 아이에게 가르쳐주세요.

☞ 끝까지 해내는 아이의 부모는 아이가 성찰할 수 있게 도와준다!

26

정답이 없는 문제를 푼다

'어느 학교에 들어가야 할까?' '나에게 맞는 직업은 무엇일까?' '어떻게 하면 친구와 화해할 수 있을까?' 등 학교 시험 밖에서 맞닥뜨리는 문제의 답은 하나만 있는 것이 아닙니다. 자기 머리로 생각해서 수많은 선택지 중 답을 골라야 하지요.

"2011년에 초등학교에 입학한 아이들의 65%는 현재 존재하지 않는 직업을 갖게 될 것이다." 듀크대학교 연구자인 캐시 데이비드슨이 〈뉴욕 타임스〉와의 인터뷰에서 한 말입니다. 더불어 'AI나 로봇을 이용한 자동화가 진행되어 10년 후에는 지금 있는 직업의 절반 정도가 사라질 것'이라고 발표한 옥스퍼드대학교의 논문도 화제가 되었어요.

정답이 있는 답을 찾아내는 능력으로는 컴퓨터를 이길 수 없습니다. 지금 옳다고 알려진 정답을 열심히 외운다 한들 진짜 써먹을 수 있을지 알 수 없지요. 선생님이 한 말을 받아 적고 외우기만 해서는 이제 사회에서 할 일을 찾기 어려워졌습니다. 스스로 문제를 발견하고 아이디어를 내며 시행착오를 겪는 과정 속에서 스스로 납득할 수 있는 해답을 찾아내는 능력이 중요한 거예요.

이번에는 스스로 답을 끌어내는 힘을 키우기 위해 집에서 할 수 있는 일 세 가지를 소개합니다.

1. 판단하지 않는다, 답을 가르쳐주지 않는다, 의문을 소중히 여긴다.

기본적으로 아이의 행동이나 발언을 평가하지 않는 자세가 중요합니다. 어른이 좋고 나쁨을 정해 버리면 아이는 자기 머리로 생각하지 않고 어른이 가지고 있는 정답을 찾아서 시킨 일만 하게 됩니다.

아이가 "왜 ○○야?"라고 묻는다면 가볍게 넘기지 말고 "좋은 질문이네"라며 칭찬해주세요. 그리고 부모의 대답을 알려주기 전에 "넌 어떻게 생각해?"라고 물어보세요. 어떤 대답이 돌아오든 부정해선 안 됩니다. 아이가 모르는 것 같으면 의문을 그대로 방치하지 말고 "함께 알아볼까?"라며 조사하는 방법을 알려주세요.

2. 철학적인 대화를 나눈다.

"착한 아이라는 게 뭘까?" "행복은 무엇일까?" "어떻게 하면 친구와 사이좋게 지낼 수 있을까?" 정답이 없는 이런 문제를 아이와 함께 생각하면 질문을 만들어내는 힘, 자기 머리로 생각하는 힘, 대화하는 힘이 자라납니다.

시작하기 전에 **"답은 하나가 아니야"**, **"지금은 잘 몰라도 괜찮아"**, **"생각은 바뀔 수 있어"**라고 말해주세요. 그러면 아이도 틀릴까 봐 염려하지 않고 편안한 마음으로 자유롭게 의견을 말할 수 있습니다. 부모 역시 듣기만 하지 말고 속마음을 말해도 좋답니다. 부모의 의견을 듣고 아이의 생각도 조금씩 깊어질 거예요.

철학적인 대화를 하는 모임이나 행사에 참가하는 것도 좋습니다. 제 수업에서도 예전에 '부모님과 함께 하는 철학'이라는 행사를 열어서 '좋은 부모란 무엇일까?'라는 주제로 이야기를 나눈 적이 있습니다. 부모에게서는 '맛있는 요리를 만들어주는 부모', '공부를 가르쳐주는 부모'라는 대답이 나왔지만, 아이들은 '노래를 들어주는 부모', '게임기를 사주는 부모', '늘 응원해주는 부모'처럼 예상하지 못했던 답을 내놓았습니다. 대화를 나눈 결과 가족 간의 유대감이 커졌다는 호평을 받았어요.

아이와 함께 **일상에서 벗어난 대화**를 나눠보세요. 서로를 깊게 이해할 수 있는 계기가 됩니다. 함께 읽으며 철학적인 대화를 나눌 수 있는 프랑스의 철학자 오스카 브르니피에의 '철학하는 어린이' 시리즈를 추천합니다.

3. 책장에 위인전을 둔다.

위인전에는 다양한 시대와 국가를 살아간 사람들의 이야기가 그

려져 있습니다. 인생의 성공은 한 종류가 아닙니다. 살아가는 방식은 다양하고, 좋은 일뿐 아니라 나쁜 일도 일어납니다. 하지만 자신을 믿고 동료를 믿으면서 노력하면 꿈을 이룰 수 있지요. 이런 것을 위인들의 인생 이야기를 읽으며 배울 수 있습니다. 아이 방 책장에 위인전 시리즈를 가만히 꽂아 두세요. 부모가 그 책을 재미있게 읽으면 아이도 궁금해져서 꺼내볼 거예요. 부모의 책장에 두어도 좋습니다. 엄마, 아빠가 어떤 책을 읽는지 궁금할 테니까요.

끝까지 해내는 아이의 부모는 답이 아니라 질문을 준다!

27

손을 들고 의견을 말한다

수업 참관을 갔더니 아이가 머뭇거리며 손을 들지 않습니다. '얼마 전에 집에서 함께 공부한 거니까 답을 알 텐데 왜 손을 들지 않을까?' 교습소에서 레슨도 즐겁게 받는 것 같고 실력도 좋아졌는데 발표회나 시합에 나가고 싶어 하지 않아요. 좀 더 적극적으로 바뀔 수는 없는지 조바심을 내는 부모님도 많을 거예요.

출력이 중요합니다. 아는 것을 자기 말로 전달하면 배운 것을 확실히 익힐 수 있어요. 사실은 잘 모르고 있다는 것을 깨닫기도 하고, 아는 지식도 더 확실하게 장기 기억으로 저장하게 됩니다. 자기가 하고 싶은 것이나 생각한 것을 드러내면 잘 맞는 친구가 생길 수도 있고, 문제가 생겼을 때 한 팀이 되어 서로 도와줄 수 있어요. **자신의 의견을 당당하게 전달하는 힘은 학습뿐 아니라 인간관계에서도 매우 중요한 라이**

프 스킬입니다.

제가 운영하는 학교에서는 자기 언어로 의견을 발표하는 힘을 기르는 프레젠테이션 수업을 진행합니다. 자기 생각을 그저 일방적으로 전달하는 것이 아니라 듣는 사람에게서 호의적인 반응을 끌어내는 것까지가 목표입니다. 학교 수업에서는 한마디도 하지 못했던 내성적인 아이가 이 수업을 들으면서 즐겁게 의견을 말하게 되었다거나, 다른 학원이나 학교에서도 적극적으로 발표에 임하게 되었다는 수강 후기가 많았습니다.

이번에는 프레젠테이션 수업에서 가르치는 방법을 소개합니다. 아이가 자기 의견을 잘 말할 수 있게 도와주세요.

바로 **평소에 아이와 대화할 때 "그런데?", "왜?", "예를 들면?"이라는 세 가지 질문을 던지는 것**입니다. 이렇게만 해도 아이의 프레젠테이션 능력은 쑥쑥 자라납니다. "그런데?"를 통해 의견을 명확하게 표현하고, "왜?"를 통해 상대가 납득할 수 있는 이유를 설명하며, "예를 들면?"을 통해 듣는 이가 상상하기 쉽도록 구체적인 상황으로 제시하는 거예요.

"옆집처럼 우리도 반려동물을 키우면 좋겠어요.!"

"동물을 기르고 싶구나. 그런데 어떤 동물이니?" (명확화)

"강아지가 좋아요. 푸들을 기르고 싶어요."

"푸들이 좋구나. 왜 푸들이 좋아?" (이유)

"함께 신나게 놀 수 있잖아요."

"함께 놀면 재밌겠네. 예를 들면 어떻게 놀고 싶은데?" (구체화)

"음…. 공원에서 달리기 경주를 하거나 여름이면 같이 물놀이를 하거나."

"그래서 푸들을 기르고 싶구나. 그럼 무얼 하고 싶은지, 왜 하고 싶은지, 예를 들면 어떤 것을 하고 싶은지 한꺼번에 얘기해 볼래?"

대화가 끝났을 때 이야기한 내용을 아이에게 요약해보게 하면 효과적입니다. 대화 내용을 열거하면 PREP법에 따른 프레젠테이션이 완성되지요. 이 방법은 사회생활을 할 때, 자기 의견을 알기 쉽게 전달하는 데 유용합니다.

Point (주장) 나는 푸들을 키우고 싶습니다.

Reason (이유) 함께 뛰어놀고 싶기 때문입니다.

Example (예) 예를 들면 공원에서 달리기 경주를 하거나 여름에 발코니의 간이 수영장에서 함께 놀 수 있습니다.

Point (재주장) 그래서 푸들을 키우고 싶습니다.

아이가 이 방법에 익숙해졌다면 '하지만?'으로 반론해 의견에 깊이를 줄 수 있습니다. '그럼 어떻게 할 것인가?'를 통해 실현하기 위한 방법을 물어볼 수도 있지요. 그러면 프레젠테이션의 설득력이 더 높아질 거예요.

(반론) 하지만 매일 산책시켜 주는 건 힘들 것 같은데?

(방법 확인) 개를 기르고 싶은 마음은 알겠어. 그럼 어떻게 해야 키울 수 있을까?

남들 앞에서 실수하면 부끄러우니까 발표하지 못하는 아이들이 많습니다. '틀려도 괜찮아'라는 메시지를 계속 주면서 대답을 재촉하지 말고 침묵을 반겨주세요. 아이에게 실수해도 괜찮다고 안심할 수 있는 환경을 주는 거예요.

☞ 끝까지 해내는 아이의 부모는 "그런데?", "왜", "예를 들면?" 같은 질문을 계속 던진다!

목표 설정

4

28

꿈과 목표가 있다

"우리 아이는 특별히 몰입하는 게 없어요. 늘 방에서 게임을 하거나 유튜브만 보고, 정말 걱정이에요…." 이런 고민 상담을 받기도 합니다. 아이가 몰입해서 추구하는 목표를 찾았으면 좋겠다는 마음은 이해할 수 있습니다.

하지만 "너는 장래 희망이 없니?", "꼭 이루고 싶은 게 있니?"라고 부담을 주면 아이는 '꿈이 없는 나는 뭔가 부족한 사람인가 봐'라며 미래에 대해 더 불안해하고 초조해할 수 있습니다. **꿈이나 목표 같은 하고 싶은 일은 즐거운 경험에서 발견**하는 거예요. 몰아붙이면 도리어 역효과가 납니다.

"공룡 박사가 되고 싶어." 제 수업을 듣는 학생이 1학년 때 말했던 꿈입니다. 6학년이 된 후에도 변함없이 같은 꿈을 품고 있었어요. 이런 큰 꿈을 품고 있으면서도 야구, 댄스, 체조 수업을 들으면서 각각 목표를 세우고 매일 노력하는 아이였지요. "그렇게 하는 게 많은데 안 힘드나요?"라고 물어보면 "하나도 안 힘들어요. 재미있어서 목표로 삼은 거니까요"라며 웃는 얼굴로 답했습니다.

꿈과 목표가 있으면 매일매일 반짝입니다.

해야 할 일이 명확하니까 에너지를 한 곳에 집중할 수 있고, 능력을 최대한 발휘할 수 있습니다. 몰입하는 사람은 실패를 두려워하지 않고 새로운 일에 거침없이 도전할 수 있어요. 그런 과정 속에서 새로운 능력을 얻기도 합니다.

만약 아이의 하루하루가 즐거워 보이지 않는다면 꿈이나 목표를 발견할 수 있게 도와주는 것도 좋은 방법입니다. 아이가 하고 싶은 일을 찾을 수 있도록 부모나 선생님이 도와줄 수 있는 방법 세 가지를 소개합니다.

1. 지금 하고 있는 일에 관한 목표를 세운다.

학원이나 방과후수업에서 배우는 것들, 학교 공부, 친구와의 놀이, 무엇이든 괜찮습니다. 지금 하고 있는 것 중에 조금이라도 흥미를 느꼈거나 재미있다고 생각한 일이 있다면 작은 목표를 세워보세요. '줄넘기 100번에 성공해야지.' '이번 한자 급수 시험을 통과할 거야.' '몇 번 포기했던 레고 우주선을 이번에는 꼭 완성해야지.' '〈언제나 몇 번이라도〉를 한 번도 틀리지 않고 연주할 거야.'

"열심히 했더니 됐어!"라는 성공 경험이 자신을 믿는 힘이 되고, 포기하지 않고 계속할 수 있는 마음을 자라게 합니다.

2. 잘하는 일을 찾는다.

자신감이 부족해서 자신이 잘하는 것이 무엇인지 잘 모르는 아이들도 많습니다. 잘하는 것을 모르니 꿈이나 목표를 세우는 데 소극적입니다. 평소 아이가 잘하는 일이나 향상된 점을 많이 찾아내서 구체적인 말로 표현해주세요.

"예전보다 철봉을 잘하게 되었구나." "우리 ○○는 늘 설명을 알기 쉽게 하네." "○○는 물건 정리를 참 잘하는구나." "사람들이 필요한 게 뭔지 말하지 않아도 금방 눈치채고 도와주는구나." **자기가 잘하는 것을 발견하면 불안감이 사라지고 '한번 해보자'는 마음이 자연스럽게 샘솟습니다.** 계속하다 보면 더욱 잘하게 되고 새로운 목표도 자연스럽게 찾을 수 있게 되지요.

3. 함께 해본다.

꿈은 실제 경험 속에서 발견할 수 있습니다. 일단 해보는 것이 중요하지요. 한번 관찰해볼까? 한번 만져볼까? 이렇게 오감을 쓰는 체험에서 하고 싶은 일을 발견하는 거예요.

물론 새로운 일을 할 때는 큰 용기가 필요합니다. 실패하기 싫고 창피를 당하기도 싫으니까요. 그런 불안감이 도전을 막습니다. 처음에는 부모님도 아이와 함께 시도해보세요. **부모가 즐겁게 하고 있는 일에는 아이도 큰 흥미를 느낍니다.** “나도 해볼래!” 하고 나서지요. 성공과 실패를 따지지 말고 일단 해보는 데 의의가 있습니다. 몸과 마음이 안전한 환경 속에서 함께 다양한 것을 시도해보면 어떨까요? 즐거운 체험 속에서 분명 하고 싶은 일을 발견할 수 있을 거예요. 초조해하지 말고 함께 즐기세요. 그것이 중요합니다.

☞ **끝까지 해내는 아이의 부모는 새로운 일을 함께 해본다!**

29

꿈에 기한을 정한다

"프로 축구 선수가 될 거야!" "득점왕이 될 거야!" "중학교 입시에 합격할 거야!" 말은 거창한데 노력하는 모습은 전혀 볼 수 없습니다. 시험이나 시합이 끝난 후에는 "다음엔 진짜 열심히 할 거야!"라며 의욕을 보이는 것 같지만 그것도 잠시뿐, 결국 행동으로 옮기지 않지요. 누구나 한 번쯤 겪어본 상황일 거예요.

꿈을 이야기할 때는 기분이 참 좋아집니다. 하고 싶은 일을 선언하면 힘이 솟아나지요. 하지만 쉽게 포기하는 사람들은 그 목표에 기한을 정하려 하지 않습니다. 마감일이 정해지면 움직여야 하니까요. 준비되어 있지 않은 나를 마주해야 합니다. 기한을 정하지 않으면 실패할 일도 없지요.

끝까지 해내는 아이는 꿈과 목표에 기한을 정합니다. '더 빨리 달리고 싶다'가 아니라 '다음주 목요일까지 50미터를 9.1초에 달린다'입니다. '득점왕이 된다'가 아니라 '다음주 시합에서 3점을 딴다' 이렇게 목표를 세웁니다. 이렇게 '언제까지' '실제로 무엇을 한다'가 분명해지면 오늘 당장 무엇을 해야 하는지 알게 됩니다. 즉각 어떤 행동에 나서야 할지 알 수 있어요.

아이가 목표를 향해 온 힘으로 노력하길 바란다면 그 꿈에 기한을 정하는 것이 출발점입니다. 이번에는 꿈에 기한을 정할 수 있도록 도와주는 3단계를 소개합니다.

1단계, 이유를 묻는다.

아이가 꿈이나 목표를 입에 담았을 때 이유를 물어보세요. "왜 프로 선수가 되고 싶어?", "왜 빨리 달리고 싶어?", "왜 영재교육원에 가고 싶어?" 등등. '그냥'이라는 이유로는 행동으로 이어지지 않으며 실패했을 때 좌절할 거예요. 물론 가벼운 기분으로 시작하는 것도 나쁘지 않습니다. 해보고 깨닫는 것도 있으니까요. 하지만 목표가 있는데도 좀처럼 새로운 행동에 나서지 못할 때는 **꿈을 이루려 하는 목적이 무엇인지 처음부터 분명히 밝히는 것이** 중요합니다. '무엇을 위해 그것을 하는가'를 깨달아야 합니다.

2단계, 꿈을 이야기로 만든다.

꿈이 이루어진 세상은 어떤 곳이고, 어떤 좋은 점이 있을까요? 그

것을 상상할 수 있다면 설레는 마음에 더욱 꿈을 이루고 싶어질 거예요. 앞으로 나아가고 싶어지지요. "빨리 달릴 수 있으면 뭐가 좋을까?", "중학교 입시에 성공하면 뭘 하고 싶어?"처럼 꿈이 이루어진 후의 세계에 대해 물어보세요. "그 중학교 입시에 성공하면 꼭 농구부에 들어갈 거야. 거기서 열심히 연습해서 시합에서 높은 점수를 딸 거야" 처럼 아이가 눈을 빛내며 꿈이 이루어진 후의 세계를 이야기로 만들어서 말할 수 있게 되면 가장 좋습니다.

3단계, 꿈에 기한을 정한다.

꿈을 이루고 싶은 이유가 명확해지고 꿈이 이루어진 삶을 상상하며 설레기 시작했다면 이제 꿈에 기한을 정할 시간입니다. "그 꿈은 언제 이룰 수 있을까?", "언제까지 하기로 할래?" "뭐부터 해야 할까?"라고 물어보세요.

"이번 달 말까지 슛을 잘 던지고 싶어"처럼 아직 무엇을 할지 불분명하다면 "얼마나 잘하고 싶어?", "지금과 비교해서 어떻게 되고 싶어?"라고 물어서 꿈을 구체화하는 것이 중요합니다.

"4주 안에 자유투 다섯 번 중 네 번 들어가게 할 거야." 이렇게 말할 수 있으면 합격입니다. 그리고 기한이 정해진 꿈을 종이에 써서 보이는 곳에 붙여주세요.

이 3단계를 통해 생각하고 행동하는 습관이 붙으면 하고 싶은 일을 발견했을 때 스스로 마감일을 정해서 행동할 수 있게 됩니다. **시작하는 날을 정하는 것도 잊지 마세요.** 마감일에 대한 압박감 때문에 시작을 계속 미룰 수도 있습니다. 기한이 정해졌다면 "언제부터 시작할래?"라고 아이에게 물어보세요.

☞ 끝까지 해내는 아이의 부모는 꿈에 기한을 정하게 한다!

30

자신의 현재 위치를 안다

하고 싶은 일을 발견했나요? 꿈에 기한도 정했나요? 그렇다면 준비는 끝났습니다. 자, 꿈을 이루기 위해 가장 처음 해야 할 일은 무엇일까요? 다음 이야기에 답이 있습니다.

정글에서 길을 잃었습니다. 금은보화로 가득한 전설의 동굴을 찾고 있지만, 어디에도 단서가 보이지 않습니다. 온갖 위험과 난관을 극복하고 드디어 정글의 '지도'를 손에 넣었습니다. 이제 보물이 숨겨진 동굴을 발견할 수 있을 거예요. 그런데… 결국 동굴을 찾을 수 없었습니다. 그 지도에는 ○○ ○○가 표시되어 있지 않았기 때문이에요. ○○ ○○는 무엇일까요?

정답은… **'현재 위치'**입니다. 보물이 있는 장소는 알았지만 지금 내가 어디 있는지 모른다면 지도는 아무 도움이 되지 않습니다. 목표를 알고 꿈을 발견했어도 지금 실력을 모르면 어디로 가야 할지 알 수 없어요.

쉽게 포기하는 사람들은 자기의 현재 위치를 모릅니다. 현재의 지식 수준이나 능력을 알기 위해 부단히 노력하지 않죠. 자기긍정감이 낮아서 무능한 자신의 모습을 알고 싶어 하지 않습니다. 자기의 장점은 받아들이지만, 약점은 보고 싶지 않고 보이고 싶지도 않아요. 그래서 실력이 드러날 수 있는 상황을 피하지요. 최선을 다하지 않거나 반드시 성공할 수 있는 안전한 일만 합니다. 시합이나 발표회에 참가하는 것도 싫어해요.

"풋내기가 상급자로 가는 과정의 첫걸음은 자신의 부족함을 아는 것." 다양한 연령층에게 사랑받은 만화 〈슬램덩크〉에 등장하는 감독님이 농구 초보에게 슛을 가르치며 했던 조언입니다. **자신의 현재 실력을 알면 목표까지의 길이 보입니다.**

제가 가르치는 농구 교실에서는 대회 일정이 정해지면 첫 연습에서 바로 시범 경기를 합니다. 대회 종목인 슈팅 게임, 드리블 경주 같은 시합을 한꺼번에 진행하지요. "지금은 시범 경기니까 승부는 신경 쓰지 않아도 돼. 일단 최선을 다하는 것에 집중하자"라고 말합니다. 온 힘을 쏟아부었을 때 비로소 자기가 잘하는 것과 부족한 것을 알 수 있습니다. '드리블할 때 자꾸 공을 보네', '왼손 슛에 약하군', '수비에는 자신 있어'처럼 현재 위치가 보이기 시작하지요. 리허설이 끝나면 대회에 나갈 팀별로 모여서 (25번째 습관에서 설명한) GBHGood Better How를 활용해 반성하고, 다음 연습의 목표를 설정합니다. 현재 위치를 알면 첫걸음을 내디딜 수 있어요. 무엇을 해야 하는지 아니까 바로 행동할 수 있습니다.

하고 싶은 일을 발견했다면 아이에게 현재 위치를 알려주세요. 7급 한자를 전부 외우고 싶다면 지금 얼마나 알고 있는지 확인합니다. 좋아하는 곡을 피아노로 치고 싶다면 실제로 그 곡을 쳐보는 거예요. 고민하지 말고 '일단 한번 해보는 것'입니다.

첫머리에서 소개한 보물 지도 이야기를 아이에게 들려주고 현재 위치를 아는 것이 왜 중요한지 알려주세요. **꿈과 목표를 발견했다면 현재 위치를 파악해서 꿈과 현재 위치를 연결하는 길을 만들어야 합니다.** 매일 한 걸음씩 그 길로 나아가면 목표를 달성할 수 있고 꿈도 이루어지지요. 꿈을 이루기 위한 로드맵을 종이에 그려서 설명하면 잘 이해할 수 있을 거예요.

현재 위치는 시작할 때부터 목표를 달성할 때까지 계속 확인합니다. 꿈에 얼마나 다가갔고 처음에서 얼마나 나아갔는지 언제든 아이가 확인할 수 있게 해주세요. 꿈의 로드맵과 현재 위치를 표시한 계획표를 책상에 붙일 수도 있고 달력에 최종 목표와 세부 목표, 기한과 달성 여부를 기록할 수도 있습니다. 지속해서 근거를 남기는 것이 중요합니다. 꿈에 가까워지고 있는지 확인할 수 있으니까요. 무엇보다도 목표를 향해 전진하고 있다는 느낌이 다음 행동으로 나아갈 에너지가 되어줍니다.

☞ **끝까지 해내는 아이의 부모는 아이의 지금 위치를 알려준다!**

31

아기 걸음으로 목표에 다가간다

“목표는 큰 게 좋아? 아니면 작은 게 좋아?” 아이가 이렇게 묻는다면 뭐라고 대답해야 할까요? 정답은 없습니다. 아이를 키우는 대부분의 상황에서 정해진 답이란 것은 없습니다.

목표는 무엇을 위해 세우는 것일까요? **해야 할 일을 명확히 정해서 집중하려고 목표를 세웁니다.** 아이가 무엇을 해야 할지 알고 의욕이 샘솟게 할 수 있는 목표라면 크든 작든 상관없습니다.

하지만 어떤 일을 끝까지 해본 경험이 별로 없는 아이들에게는 목표를 쪼개어 가능한 한 작은 목표들을 단계별로 만들어주는 것이 좋습니다. 이제까지 수많은 아이들을 가르치면서 **장기간에 걸친 큰 목표 말고 단기간에 끝나는 작은 목표를 주어야 다수의 아이들이 포기하지 않고 계속 노력할 수 있다는 것**을 깨달았습니다. 너무 큰 목표를 주면 시작하기도 전에 포기해 버리는 아이도 있습니다. 시작부터 좌절하면 앞으로 나아갈 수 없습니다. 성공 경험을 쌓을 수 없지요.

자신감이 붙으려면 작은 목표부터 시작해야 합니다. 작은 목표는 아기도 할 수 있다는 의미에서 베이비 스텝, 즉 아기 걸음이라고 합니다. 끝까지 해내는 아이들은 베이비 스텝으로 차근차근 목표를 향해 움직입니다. 매일 반드시 실현할 수 있는 목표를 세우고 그것을 꼭 달성하지요. 스스로 하겠다고 결심한 일을 합니다. **자기와 한 약속을 계속 지켜나가면 자신을 믿을 수 있게 됩니다.** '나는 할 수 있어'라는 자신감이 커지면서 더욱 도전적인 목표를 세울 수 있게 되지요. 처음에는 작은 한 걸음이지만 **꾸준히 하면 큰 힘이 생기는 거예요.**

5센티미터짜리 작은 도미노가 에베레스트만큼 거대한 도미노를 쓰러뜨리는 걸 상상할 수 있나요? 게리 켈러는 저서 『원씽』에서 흥미로운 도미노 쓰러뜨리기 실험을 소개합니다. 맨 앞에 있는 5센티미터 도미노가 다음에 놓인 1.5배 크기의 도미노를 쓰러뜨리기 시작하면 계산상 열 번째로 쓰러지는 도미노는 2미터, 23번째 도미노는 에펠탑과 같은 높이가 되며 31번째에는 세계에서 가장 높은 산인 에베레스트보다 높은 도미노를 쓰러뜨릴 수 있게 됩니다. 5센티미터 도미노가 세계 최고봉인 에베레스트를 쓰러뜨리는 힘을 만들어낸 거예요.

목표는 있지만, 행동으로 이어지지 않는 아이가 있다면 가능한 한 작은 목표를 주세요. 핵심은 세 가지입니다.

기간은 짧게, 100% 달성할 수 있는 일을, 스스로 정한다. "지금부터 1

시간 동안 책을 몇 페이지 읽을 수 있을 것 같아?", "오늘 축구 연습에서 골을 몇 번 넣을 수 있을 것 같아?"라고 물어보며 아이와 함께 작은 목표를 세웁니다. 문제 하나를 풀어도 좋고 1분만 연습해도 괜찮습니다. 자기와 한 약속을 얼마나 많이 지킬 수 있는지가 끝까지 해내는 힘을 만들어냅니다.

"큰 꿈을 가져선 안 되나요?"

당연히 괜찮습니다. 다만 공룡 걸음처럼 큰 목표라 해도 아이의 입에 들어갈 수 있을 만큼 작은 크기로 잘라 주는 거예요.

현재 실력은 1킬로미터만 뛰어도 녹초가 되지만, '1년 후에는 10킬로미터를 뛴다'는 목표가 있다면 종이를 꺼내서 현재 위치와 목표를 선으로 이은 후에 작은 이정표를 촘촘하게 세웁니다. **목표 지점에서부터 역산해서 중간중간 포인트가 되는 이정표들을 함께 세워보세요.** "10개월 후에는 몇 킬로미터 뛸 수 있을까? 반년 후에는? 3개월 후에는? 이번 달에는? 이번 주에는? 그리고 오늘은?" 이렇게 말이지요. 그러면 해야 할 일이 명확해져서 첫걸음을 내딛기 쉬워집니다.

천릿길도 한 걸음부터라고 하지요. 우선은 작은 도미노를 쓰러뜨려야 합니다. 다음에는 그보다 조금 큰 도미노를 쓰러뜨리는 거예요. **어른으로 성장하는 것은 조금씩 더 큰 도미노를 쓰러뜨리는 일을 반복하는 과정**입니다.

끝까지 해내는 아이의 부모는 작은 도미노부터 세워준다!

32

집중할 줄 안다

"집중한다. 그래서 익힐 수 있다." 제가 운영하는 학교의 이념입니다. 집중한 그 순간 아이들은 많은 것을 배웁니다. 집중하면 아무것도 신경 쓸 필요가 없지요. 해본 적 없는 일이라도 도전할 수 있습니다. 재미있으니까 노력할 수 있어요. 더 알고 싶으니까 배우고 싶어집니다. 실패해도 '다시 한번 해보자'라고 생각할 수 있습니다. 용기가 필요한 일도 정말로 좋아한다면 기꺼이 시도할 수 있어요.

이렇게 집중할 수 있는 배움의 장을 제공하는 것이 저의 가장 큰 목표입니다.

끝까지 해내는 아이는 집중의 달인입니다. 하고 싶다고 마음이 움직인 순간 스위치가 켜집니다. 그러면 아무도 막을 수 없습니다. 다른 누구의 목소리도 귀에 들어오지 않아요. 자기만의 세계에 몰입해서

단 한 가지 일에 모든 것을 쏟아붓습니다. 두뇌가 활발해지고, 몸이 움직이고, 마음이 열리며 그 시간을 마음껏 즐기지요. 아무리 해도 피곤한 기색 없이 "내일도 이걸 할 거야!"라고 선언합니다. 주위에서 보기엔 뭐가 그렇게 재미있는지 알 수 없지만, 그 아이에게는 의미가 있는 거예요.

끝까지 해내는 아이의 원동력은 **내적 동기**입니다. 내면에 있는, 하고 싶다는 마음에서 우러난 호기심입니다. 벌레를 따라다니거나 그림 그리기에 몰두하거나 몇 시간씩 입체 퍼즐을 하기도 합니다. 누가 칭찬해주지 않아도, 보상이 없어도 지금 하는 일이 재미있어서 하는 거예요.

쉽게 포기하는 사람들은 **외적 동기**로 움직입니다. 보상을 얻거나 벌을 피하는 것이 목적이에요. '명문 사립학교에 입학하려고 열심히 공부한다', '칭찬받기 위해 수학경시대회에 참가한다', '혼나지 않으려고 피아노 학원에 다닌다'처럼 하고 싶지 않은 것들을 참고 노력해서 성취합니다.

누구나 어느 정도는 외적 동기로 움직입니다. 하지만 외적 동기가 너무 강해지면 그 일 자체가 주는 재미가 사라지고 맙니다. '보상이 없으니까 안 할래', '아무도 안 보니까 연습 안 해', '시험이 끝났으니까 공부 안 할 거야'처럼 **보상을 목적으로 움직이면 내면에서 샘솟는 의욕은 점점 사라집니다.**

심리학자 칙센트미하이가 말한 '몰입 이론' 중 아이의 내적 의욕을 끌어올리기 위해 집에서 해볼 만한 방법 세 가지를 소개합니다. '하고 싶은 마음'에 불을 붙여서 집중력을 높이는 방법입니다.

1. 불쾌한 감정을 차단한다.

불안한 일이나 걱정거리가 있으면 집중할 수 없습니다. 아이가 불안한 얼굴을 하고 있다면 그 불안감을 받아들이고 말로 표현하게 해주세요. **불안은 말로 하면 작아집니다.** 정체를 모르니까 자꾸 부풀어 오르는 거예요. "신경 쓰이는 게 있어?", "친구가 연주를 듣는 게 부끄러워?"라고 물어보고 불안감을 머리 밖으로 내보내도록 해주세요. 장소를 바꾸는 것도 좋은 방법입니다. 스마트폰이나 장난감, TV처럼 주의를 산만하게 하는 물건을 없애고 **침착하게 집중할 수 있는 환경을 만들어주는 것**도 중요해요.

2. 적절한 난이도를 설정한다.

아이에게 맞추어 너무 어렵지도, 너무 쉽지도 않은 적절한 수준의 난이도를 설정하세요. 첫걸음이 너무 어려우면 시작할 수 없습니다. 시작은 100% 달성할 수 있는 작은 목표가 바람직합니다. 아이와 함께 이야기해서 정하면 가장 좋겠지요.

3. 부모가 먼저 집중한다.

부모가 자기 인생에 집중합니다. 이것이 가장 중요해요. 가장 가까운 어른이 다른 사람들을 의식하며 감정을 억누르고, 자신을 희생하며, 진심으로 하고 싶은 일에 열정을 쏟지 않는다면, 아이도 마찬가지로 하고 싶은 일을 참으며 스스로 움직이지 않게 됩니다. 어린 시절, 그네를 타는 것에 이유는 없었어요. 타고 싶으니까 탄 것뿐이에요. 하고 싶으니까 하는 거예요. 그뿐입니다. 어른이 먼저 그런 감각을 일상생활 속에서 조금씩 되찾아간다면 아이 역시 자신의 감정을 소중히 여길 수 있게 될 거예요.

☞ 끝까지 해내는 아이의 부모는 자신의 인생에 집중한다!

33

신념이 있다

아이에게 신념이 있나요? **신념은 끝까지 해내는 힘과 행복도에 큰 영향을 미칩니다.**

다음 글은 세 명의 벽돌 장인에 관한 우화입니다. 읽어 보면 신념의 중요성을 알게 될 거예요.

여행자가 세 명의 벽돌 장인을 만나서 "무슨 일을 하고 계세요?" 하고 물었습니다.

첫 번째 장인은 "감독관의 명령 때문에 쌓고 있어요. 이런 일은 정말 하기 싫은데." 두 번째 장인은 "벽을 만들고 있어요. 힘들지만 돈을 벌려면 어쩔 수 없죠."

세 번째 장인은 "후대에 남을 '대성당'을 만들고 있습니다. 완성되면 수많은 신자들이 의지할 안식처가 될 거예요. 이런 일을 맡게 되어 정말 영광이에요." 이렇게 대답했습니다.

같은 일이라도 불평하며 억지로 하는 사람이 있는가 하면 긍지를 가지고 하는 사람도 있습니다. 세 번째 장인은 신념을 가지고 있어요. 신념이란 **목표 앞에 있는 목적**입니다. 무엇을 위해 목표를 달성해야 하는가. 예를 들어 영재교육원에 합격하겠다는 목표가 있다면 합격해서 무엇을 하고 싶은가, 그 부분이 신념입니다.

쉽게 포기하는 사람들은 신념이 없습니다. "의사가 되고 싶어", "케이크 만드는 사람이 되고 싶어", "프로야구 선수가 되고 싶어" 같은 꿈이나 목표는 있어도 "왜 그게 하고 싶어?", "프로 선수가 되면 어떻게 할 거야?"라고 물었을 때 자기 말로 대답하지 못합니다. 첫 번째와 두 번째 벽돌 장인처럼 벽돌을 쌓은 후의 세계를 상상하지 못하는 거예요. 하고 싶은 마음이 있어서 시작했어도 불쾌한 일이 생기거나 힘든 일에 부딪히면 금세 의욕을 잃습니다. '내가 왜 이렇게까지 해야 해?'라며 그만두고 말지요.

신념을 가지면 매일 즐겁습니다. '해야 하는 일'이 '하고 싶은 일'이 되면서 스스로 결정한 일을 계속해 나갈 힘이 있어요.

그렇다면 어떻게 해야 아이가 신념을 갖고 노력할 수 있게 될까요? 어떻게 하면 아이 스스로 신념을 발견할 수 있을까요? 아이가 하고 싶은 일을 발견했거나 최선을 다해 노력하는 모습을 보인다면 "오늘도 열심히 하는구나. **그걸 하면 무슨 좋은 일이 있을까?**"라고 물어보세요. 아이가 이야기를 시작했다면 "그래서? 그래서?"라고 맞장구를 치며 적극적인 자세로 들어주세요. 아이가 **목표를 달성한 후의 세계를 상상할 수 있게 하는 것**이지요.

"오늘도 춤 연습을 열심히 하는구나. 연습을 계속하면 무슨 좋은 일이 있을까?"

"예술 영재교육원에 합격하고 싶어요."

"그럼, 어떤 좋은 일이 있는데?"

"뮤지컬을 배울 거예요."

"그래. 그럼 어떤 좋은 일이 있어?"

"뮤지컬 배우가 되어 공연하고 싶어요."

이런 식으로 아이의 의견을 끌어냈다면 "○○는 앞으로 뮤지컬 배우가 되고 싶구나. 그래서 영재교육원에 가서 전문적으로 배우고 싶다고 생각한 거네. 그러니까 이렇게 매일 열심히 연습하는 거구나"처럼 요약해서 전달해주세요. 그러면 아이의 내면에 명확한 신념이 자리 잡습니다. 지금 하고 있는 연습과 앞으로 되고 싶은 모습이 선으로 연결되는 거예요. 목표를 달성하는 순간의 세계가 보이면 실패하거나 힘든 일을 겪어도 포기하지 않고 노력할 수 있습니다.

부모가 평소에 직업에 관해 이야기하는 것도 신념의 소중함을 이해하는 데 도움이 됩니다. 직업의 내용뿐 아니라 무엇을 위해 일하는지, 그 직업을 통해 누구에게 어떤 도움을 주는지 눈을 반짝이며 이야기해 주세요.

☞ 끝까지 해내는 아이의 부모는 “그러면 어떤 좋은 일이 있을까?”를 물어본다!

34

최고가 아니라 성장을 추구한다

"오늘은 누가 이겼니? 몇 위 했어?" 시합이 끝나자마자 결과부터 묻는 부모님을 자주 봅니다. 결과만 중시하는 주변의 반응에 압박을 느끼다 보면 쉽게 포기하는 사람이 될 수 있습니다. 과정을 보지 않고 결과만 요구하면 아이의 자신감이 자라기 어렵습니다.

부모의 기대가 어디를 향하는지 아이는 언제나 관찰하고 있습니다. 시합 결과나 득점을 맨 처음에 물으면 '결과가 가장 중요하구나!'라는 생각이 아이의 마음에 뿌리내립니다. '실수해서 동료들에게 미움받고 싶지 않아', '지면 부모님이 실망하실 거야' 같은 불안과 공포심이 생겨나죠. 이런 압박감에 시달리다 보면 시합에서 평소 실력을 발휘하기 어렵습니다. 결과만을 위해 보이지 않는 곳에서 규칙을 어길 수도 있어요.

끝까지 해내는 아이는 MIP를 노립니다. MIP란 '가장 성장한 사람 Most Improved Performer'을 뜻합니다. 경쟁자는 과거의 나 자신이에요. 예전의 나와 비교해서 얼마나 성장했는지가 평가 기준이 됩니다. 평가하는 사람은 바로 자기 자신입니다. **타인과의 경쟁에서 벗어나면 다른 사람이나 환경에 휘둘리지 않고 해야 하는 일에 집중할 수 있습니다. 제 실력을 최고로 발휘할 수 있는 거예요.**

올림픽에서 활약하는 선수들에게는 한 가지 공통점이 있습니다. 바로 **자기 힘으로 통제할 수 있는 일에 집중하는 것**이지요.

결과를 통제할 수 있을까요? 연습한 대로 제힘을 발휘했다 해도 상대를 이길 수 있을지는 알 수 없습니다. 날씨는 어떨까요? 심판의 판단은? 실수를 돌이킬 수 있을까요? 자기 힘으로 바꿀 수 없는 것은 아무리 생각해도 소용없습니다. 진짜 해야 할 일에 집중하기 어려워질 뿐이지요.

일류 운동선수는 경기 중에 예상하지 못했던 일이 발생하면 즉시 '내 힘으로 통제할 수 있는가'를 판단합니다. 자신이 할 수 있는 일, 해야 할 동작에 집중할 수 있도록 마음을 늘 다스리는 거예요. 환경에 좌우되지 않고 자기 실력을 최대한 발휘하기 위해서는 **자신의 의지와 행동으로 통제할 수 있는 일에 초점을 맞추는 것**이 중요합니다.

부모가 할 수 있는 일은 **아이가 통제할 수 있는 부분을 언급**해서 아이가 그 부분에 주목하도록 하는 거예요. **과거의 아이 자신과 비교하거나 과정, 준비에 관해 물어보세요.**

통제할 수 있는 것	통제할 수 없는 것
• 늦잠 자지 않게 알람을 설정한다. • 시험 당일까지 공부할 양. • 좋아하는 아이에게 잘해준다. • 시합에서 이기기 위한 연습 메뉴. • 학생회장 선거에서 누구에게 투표할 것인가.	• 늦잠을 자는 바람에 지각한 것. • 시험 문제나 시험 결과. • 좋아하는 아이에게서 초콜릿을 받는 것. • 시합에서 이기는 것. • 학교의 교칙.

"오늘 시합에서 어떤 걸 배웠어?"

"연습한 것을 써볼 기회가 있었니?"

"지난번 시합이랑 비교해서 어땠어?"

"다음 시합까지 무슨 연습을 하면 좋을까?"

이기기 위한 대원칙은 이기고 지는 것을 잊는 거예요. **자기가 할 수 있는 일에 최선을 다하는 자세를 지키면 점점 성장하고 결과적으로 승리도 손에 넣게 됩니다.** 사람의 가치를 결정하는 것은 점수판의 숫자나 트로피의 개수가 아니라 **'실패에서 배우는 자세', '성장하기 위한 노력', '최고를 만들기 위한 준비'**입니다. 다른 아이와 비교하지 마세요. 결과뿐 아니라 과정에도 주목하며 아이와 좋은 관계를 가꾸어 나가야 합니다.

☞ **끝까지 해내는 아이의 부모는 아이가 통제할 수 있는 부분을 칭찬한다!**

35

새로운 일에 도전한다

쉽게 포기하는 사람들은 새로운 일을 부담스러워합니다. 해보고 싶다는 호기심보다 실패하면 어쩌나 하는 불안감이 강해서 앞으로 나아갈 수 없어요. 잘할 수 있다는 확신이 드는 일만 하려고 합니다. 하지만 늘 안전한 곳에만 머물면 성장할 수 없습니다.

컴포트존comfort zone에서 뛰쳐나오는 것이 성장의 열쇠입니다. 컴포트존이란 말 그대로 '지내기 좋은 장소'입니다. 지금 가지고 있는 지식이나 경험이 통하는 곳이죠. 잘할 수 있는 춤동작만 추고, 잘 아는 친구와 술래잡기를 하는 등 실패할 불안이나 두려움 없이 마치 집에 있는 것처럼 편안하게 행동할 수 있는 곳이 컴포트존입니다.

거기서 한 걸음 벗어나면 **그로스존**growth zone이 펼쳐집니다. 지금까지 쌓아 온 지식과 경험이 통하지 않는 영역이죠. 도전 그 자체입니다. 새로운 춤동작으로 추고, 처음 가보는 공원에서 놀고, 모르는 친구들과 술래잡기를 하는 등 평소와 다른 환경에서 지내야 하거나 새로운 행동이 요구됩니다. 해본 적 없는 일이기 때문에 불안과 스트레스가 무겁게 어깨를 누릅니다.

하지만 근력 운동을 할 때와 마찬가지로 **다소 힘에 부치는 무게를 들어야 몸과 마음이 성장합니다.** 아이가 컴포트존에서 나와 그로스존으로 나아갈 수 있게 도와주세요.

1. 실패를 허용한다.

새로운 일을 시작할 때 아이에게 언제나 이렇게 말해주세요.

"이제까지 해본 적 없는 조금 어려운 걸 할 거야. 아마 처음에는 못할지도 몰라. **하지만 못해도 괜찮고 틀려도 괜찮아.** 틀리면 다시 할 수도 있어. 게임처럼 말이야. 그러니까 일단 한번 해봐."

못하는 것이 당연하고 틀려도 혼나지 않는다고 생각하면 첫걸음을 내딛기 쉽습니다. 아이가 1학년일 때 제가 말해주었던 "틀려도 괜찮아"라는 말을 5학년이 되어서도 계속 기억하는 학생이 있었습니다. 틀려도 괜찮다는 말에 신선한 충격을 받은 것인지 그 말을 듣고 나서는 적극적으로 새로운 일에 도전할 수 있었다고 해요.

실패를 허용하세요. 아이가 실패하면 "괜찮아, 실패할 수 있다고 했잖아. 멋진 도전이었어"라고 대수롭지 않게 여기도록 격려해주세요.

2. 모범을 보인다.

가까운 사람이 도전하는 모습을 보면 '나도 저렇게 하면 되겠구나!' 하는 마음에 불안감이 줄어듭니다. 친구나 위 학년 아이들, 또는 부모가 새로운 일에 도전하는 모습을 보여주세요. 실패해도 쿨하게 넘어가고 성공하면 기뻐하는 모습을 있는 그대로 보여주십시오.

3. 억지로 시키지 않는다.

그로스존에서 자칫 잘못하면 패닉존panic zone에 빠질 수 있습니다. '이제 두 번 다시 안 할 거야'라는 트라우마가 남아서 컴포트존에서 나올 엄두를 못 내게 되지요. 도전이 무서워집니다. 아이가 패닉존에 들어가지 않게 하려면 '할지 말지를 정하는 것은 아이 자신'이라는 선택에 의한 도전challenge by choice 사고법을 활용해보세요.

저는 불안해 보이는 아이를 만나면 강요하지 않고 "무리해서 할 필요는 없어. 보기만 해도 머릿속에서는 공부가 되거든. 그걸로 충분해. 하고 싶어지면 그때 해봐"라고 말합니다. 하지 않겠다는 선택지를 골라도 안심할 수 있는 장소를 만든 다음 아이에게 선택권을 주세요. "실수할까 봐 걱정되지? 아빠도 그랬어."라는 식으로 말을 붙여 아이의 감정을 인정하고, 해도 안 해도 상관없지만, 한번 해보는 것도 나쁠 게 없다는 심정으로 한 걸음 나아갈 수 있게 응원해주세요.

끝까지 해내는 아이의 부모는 실패를 환영한다!

36

단점보다 장점에 집중한다

"글씨를 예쁘게 써야지. 춤을 출 때는 웃는 얼굴로 씩씩하게 추고! 수학 시험은 최소한 90점은 맞아야지!" 가끔 이런 부모님을 만납니다. **아이가 해내는 일보다 못하는 일에 주목합니다.** 내 아이가 고생할까 봐 못하는 것을 하나라도 줄여주고 싶기 때문이겠지요. 뭐든지 잘하는 아이가 되길 바라는 마음도 있을 거예요. 그런 바람으로 학원을 몇 군데씩 보내고, 자기 시간을 모두 투자해 아이의 공부를 지도합니다.

아이에게 다양한 경험을 할 기회를 주어서 흥미와 관심사를 넓히는 것은 중요합니다. 못했던 것을 할 수 있게 되면 자신감도 붙지요. 하지만 못하는 것을 잘하게 만들려고 그 부분만 집중적으로 연습시키면 의욕과 자신감은 사라지고 능력도 얻지 못합니다. 완벽함만을 추구하다가 아이의 개성을 말살시킬 수도 있어요. 모든 면에서 평균

적인 사람이 될 뿐, 그 아이만의 장점은 자라나지 못하는 거예요.

"아이가 좋아하는 일만 시켜도 될까요? 잘하는 것만 하다가 커서 고생하는 것 아닐까요?" 이런 걱정이 드는 부모님의 마음도 이해합니다. '장점을 살릴 것인가' 아니면 '약점을 극복할 것인가'는 어른에게도 어려운 문제니까요.

제 수업에서는 기본적으로 **'장점을 살리는 것'**을 권장합니다. 이유는 두 가지입니다.

1. 내적 의욕이 높아진다.

앞서 언급했듯 높은 집중력을 유지하며 노력을 이어가기 위해서는 '하고 싶다'는 호기심을 끌어내는 것이 중요합니다. 바로 내적인 의욕이에요. 잘하는 일이라면 스트레스받지 않고 시작할 수 있고 '해냈다'는 성취감도 얻기 쉽습니다. 그 성취감이 '더 잘하고 싶다'는 마음에 불을 붙이지요. 잘하는 일을 좋아하게 되고, 좋아하니까 더 하고 싶습니다. 더 연습하면 더 잘하게 되고, 그러면 더욱 좋아하게 되죠. 이런 성장의 선순환 고리가 만들어집니다. **잘하니까 좋아하고, 좋아하니까 잘하는 거예요.**

2. 다른 분야에 응용할 수 있다.

하나를 잘하면 다른 분야에도 적용할 수 있는 경우가 많습니다. 뮤지컬 연습으로 갈고닦은 표현력은 수업 시간에 의견을 발표할 때 쓸모가 있고, 바둑에 필요한 집중력은 공부에 도움이 됩니다. 한 분야에서 높은 수준에 오르면 초보자가 숙련자로 성장하기까지의 길을 한 번 체험한 셈이 됩니다. 그런 체험은 다른 분야에 새로 뛰어들 때도 그 일이 무엇이든 빨리 익힐 수 있는 체질을 길러주기도 합니다. 당장은 미래의 직업과 무관해 보여도 최고를 추구하는 과정에서 얻은 경험은 어떤 분야에서든 활용할 수 있습니다.

장점을 갈고닦다 보면 반드시 못하는 일에 부딪히게 됩니다. 약점은 그때 극복하면 됩니다. 처음부터 못하는 일을 억지로 하는 것보다 좋아하는 일, 잘하는 일을 열심히 하는 과정에서 마주친 약점을 상대할 때 훨씬 더 수월하게 극복할 수 있습니다.

농구 교실에서 가장 실력이 우수한 아이들은 지루한 반복 연습이나 미숙한 동작도 자진해서 즐거운 마음으로 합니다. '더욱 잘하고 싶다'는 마음이 있기 때문이지요. 하지만 처음부터 어려운 동작, 지루한 연습을 시키면 어떻게 될까요? 고급 수준이 될 때까지, 아니 중급 수준이 될 때까지만이라도 농구 교실에 다닐까요?

한 가지 일을 꾸준히 하지 못하는 아이들에게는 장점을 살려주는 방식이 훨씬 효과적입니다. **아이의 기분을 존중하며 잘하는 일과 좋아하는 일부터 시도하도록 도와주세요.**

☞ 끝까지 해내는 아이의 부모는 잘하는 일에 자신감을 불어넣는다!

대인관계

5

37

혼자서도 잘 논다

“새로운 반에 잘 적응했을까?” “친구랑 사이좋게 지낼까?” 이렇게 아이의 교우관계를 걱정하는 경우가 종종 있습니다. 놀이터에서 다른 아이들이 몰려다니며 즐겁게 놀고 있는데 좀처럼 그 안에 못 끼는 아이를 보면 ‘먼저 가서 말을 걸면 좋을 텐데’ 하고 안타까워하기도 합니다. “같이 놀자고 말해봐.”라고 재촉해 보아도 우물쭈물하는 아이를 보면 어떻게 도와줘야 할지 난감합니다.

우선 말씀드리고 싶은 것은 **아이들 틈에 끼지 못하는 것이 곧 발달이 늦었다는 의미는 아니라는 점**입니다. 여럿이 노는 것을 즐기는 아이가 있는가 하면, 혼자 조용히 노는 것을 즐기는 아이도 있어요. 몸을 움직이며 뛰어다니는 것을 좋아하는 아이가 있는가 하면, 머리를 쓰는 보드게임을 좋아하는 아이도 있지요.

아이마다 '즐거움'의 포인트가 다르니까 책에 쓰여 있는 발달단계대로 성장하지 않는다고 걱정할 필요는 없습니다. '이래야 정상'이라는 틀에 맞추려고 조바심을 내고 아이를 채근하면 아이의 주체성이 무너집니다. 자기가 '재미있다'고 느끼는 것을 하지 못하고 부모의 눈치만 살피느라 스스로 생각해서 행동하는 힘이 자라지 못해요. 부모의 기대에 부응하지 못하고 친구와도 잘 놀지 못해 자신감이 떨어지면 타인과 관계를 맺는 일을 더욱 꺼리게 됩니다.

우리 학교에 다니는 '끝까지 해내는 아이'들도 노는 법은 제각각입니다. 누구와도 쉽게 친해져서 여럿이 함께 모여 노는 아이도 있고, 혼자서 퍼즐에 집중하는 아이도 있습니다. 다른 아이들이 무얼 하며 재미있게 노는지 전혀 신경 쓰지 않아요. "성공! 다 맞췄어!" 하며 자기 속도대로 즐겁게 노는 거예요.

집단생활을 하는 아이가 친구와 사이좋게 지내는지 걱정하는 마음은 이해합니다. 하지만 **좋아하는 일을 발견하면 자연스럽게 친구들과 관계를 맺게 되는 법입니다.** 그러기 위해 **아이가 '재미있다'고 느끼는 일을 아이의 속도에 맞추어 마음껏 하게 두세요.** 더 좋은 방법은 없습니다. 다른 아이들과 친해져야 한다는 데 집착하면 재미있는 일을 찾을 수 없어요. 아이가 친구 관계로 문제를 겪는 게 아니라면 재촉하지 말고 사랑하는 마음으로 지켜보세요.

반면 친구와 어울려 놀고 싶은데 어떻게 해야 좋을지 모르는 아이도 있습니다. 그런 경우에는 도움을 주는 것이 좋습니다. 아이가 대인

관계를 잘 풀어갈 수 있도록 도와주는 방법 세 가지를 소개합니다.

1. "혼자 놀아도 괜찮아"라고 말해준다.

'모두 사이좋게 지내자'라는 학교의 가르침이나 부모의 기대가 아이를 불안하게 만들기도 합니다. 다른 아이들에게 맞춰주기 위해 별로 하고 싶지 않은 놀이를 하거나, 친해지고 싶지 않은 친구가 놀자고 해도 거절하지 못하는 아이에게는 **"혼자 노는 건 나쁜 게 아니야", "같이 놀고 싶지 않으면 얘기해"**라고 말해주어 아이가 자신의 의사를 표현할 수 있도록 도와주세요.

2. 인사부터 시작한다.

이미 놀이가 시작된 후에 갑자기 "같이 놀자!"라고 말 걸기는 쉽지 않습니다. 처음에는 인사부터 시작하세요. 인사하며 먼저 마음을 열면 말문을 트기도 편하고 친구가 될 수도 있습니다. 인사는 '너와 이야기하고 싶어'라는 신호거든요. 낯선 사람에게 인사하는 것을 어려워하는 아이라면 부모와 함께 인사부터 연습해보세요.

3. 부모도 함께 참여한다.

다른 아이에게 어떻게 말을 걸어야 할지 모르는 아이도 있습니다. 그럴 때는 부모가 아이와 함께 다가가 "모래로 성을 만들고 있구나. 우리랑 같이 할래?"라는 식으로 모범을 보여주면 효과적입니다.

다른 아이들을 잘 챙겨주는 아이가 있다면 먼저 그 아이에게 말을 걸어보세요. 아이들끼리 함께 놀기 시작했다면 부모는 조금씩 그 자리에서 멀어집니다. 처음에는 근처에서 지켜보는 편이 좋습니다. 예기치 않았던 상황이 생기거나 노는 데 흥미를 잃었을 때 돌아갈 수 있는 내 편이 있다면 아이는 안심하고 친구와 놀 수 있어요.

끝까지 해내는 아이의 부모는 혼자 놀아도 괜찮다고 말해주고 지켜본다!

38

갈등을 피하지 않는다

"늘 점수에만 신경 쓰고 있다. 주위 사람들의 표정을 보고 모두가 기대하는 나를 만들고 있다. 이런 나에게서 졸업하고 싶다." 스물다섯 살 때 제가 쓴 일기입니다.

쉽게 포기하는 사람들은 모두에게 사랑받으려고 합니다. 팔방미인 우등생이 되려 하지요. 다른 사람들이 기뻐할 일을 솔선해서 합니다. 어른들에게 '싹싹한 아이'라고 칭찬도 받고, '친구'도 많아 보입니다.

한편으로는 주변 분위기에 예민해서 하고 싶은 말을 못 하거나 하고 싶은 일을 참기도 하지요. 친구가 한 말이 계속 마음에 남아서 다른 일이 손에 안 잡히기도 합니다. '친구가 내게 실망했을까?' '누가 내 흉을 보는 게 아닐까?' 이런 생각에 늘 긴장합니다. 친구들이 의견을 물어봐도 입을 다물고 있을 뿐이지요. 특별히 큰 말썽은 일으키지 않지만 아이가 무슨 생각을 하고 있는지 모르겠다고 느낀 적이 있나요?

정말 모두와 사이좋게 지내야 하는 걸까요? 삐걱거리는 관계보다 화기애애하고 즐거운 관계가 더 좋습니다. 하지만 '사이좋게 지내야 해. 안 그러면 나쁜 사람이 되는 거야'라고 생각할 정도라면 아이의 부담이 클 거예요. 늘 잘 보이기 위해 노력하며 긴장하다가 소진되어 버릴지도 모릅니다.

싫어하는 것을 억지로 좋아해 보려 하거나 자신의 감정을 속이고 겉으로만 친한 관계를 만들지 말고, **좋고 싫은 마음을 인정한 다음 서로 기분 좋게 지낼 수 있는 관계를 만드는 것**이 중요합니다. 모두와 사이좋게 지낼 수는 없습니다. 싫은 것은 싫어해도 괜찮아요. 다만 서로의 마음을 존중해야 합니다. 그러기 위해서는 **갈등을 피하려고만 하지 말고 상대를 배려하며 속마음을 얘기하는 것이 중요합니다.**

우리 학교에는 '모두 사이좋게 지내자'라는 약속은 없습니다. 그 대신 '모두 즐겁게 배울 수 있는 교실'을 만들기 위해 세 가지 규칙을 정했습니다.

1. 모두 같을 필요는 없다.

저마다 생각과 의견이 다르기 때문에 재미있는 일이 생겨나고 서로 성장할 수 있습니다. 술래잡기라는 놀이도 "술래가 여러 명이면 재미있지 않을까?", "술래에게 잡힌 사람이 그 자리에서 얼음처럼 멈추면 어때?" 같은 다양한 생각이 모여서 더욱 재미있게 응용될 수 있어요.

반대 의견을 듣거나 사람들의 의견이 양분되는 경험은 **모두가 성장하기 위한 공부이자 재미를 발명할 기회**가 됩니다. 그러니 모두와 같은 의견을 가질 필요는 없으며 반대 의견을 생각하는 것도 중요하다는 것을 아이들에게 알려줍니다.

2. 반대 의견은 손을 들고 말한다.

누군가의 의견에 찬성할 수 없을 때는 "그건 틀렸잖아!", "뭔 소리야!" 하면서 도중에 끼어들어서 무시하거나, 상대가 없는 곳에서 험담하지 말고, 그 자리에서 손을 들고 발표합니다. '그냥' 반대하는 것이 아니라 **무엇을 반대하는지, 왜 틀렸다고 생각하는지 모두가 납득할 수 있는 이유**를 말하는 거예요.

3. 다수결로 정하지 않는다.

많은 사람이 찬성하는 의견이 늘 옳은 것은 아닙니다. 옳고 그름을 따지는 것보다 다양한 의견을 아는 것이 공부가 될 때가 있어요. 반대하는 것이 단 한 사람이라고 해도 모두 그 의견에 귀를 기울입니다. 반대하는 아이와 찬성하는 아이가 의견을 제시하고 반론하고 재반론하도록 번갈아서 기회를 줍니다. 토론하다가 의견이 바뀔 수도 있습니다. 반대 의견에 마음을 열고 받아들일 수 있다는 것은 그만큼 성장했다는 증거이니 환영할 일이에요.

시간은 걸리지만 이런 과정을 통해 상대를 배려하며 자기 의견을 효과적으로 전달하는 능력이 자라납니다. **상대를 상처 입히지 않고 나도 참기만 하지 않습니다.** 어느 쪽도 희생시키지 않는 인간관계를 만드는 법을 배우는 거예요.

끝까지 해내는 아이의 부모는 모두 사이좋게 지내라고 강요하지 않는다!

39

남의 말을 귀담아듣는다

"엄마 말 좀 들어라!" 몇 번씩 주의를 환기해도 말을 듣지 않습니다. 상대가 이야기하는 도중에 "알았어" 하고 일어나서 나가 버리기도 합니다. 쉽게 포기하는 사람들은 자기 이야기를 하는 것은 좋아하지만 다른 사람의 이야기는 들으려 하지 않습니다. 시킨 것을 이해하지 못한 채 행동하다가 제대로 하지 못해서 "몇 번 말해야 알아듣니!" 하고 혼나는 일도 종종 있어요. 시도해봤자 자꾸 실패만 하니까 자신감을 잃고 도중에 그만둡니다.

끝까지 해내는 아이는 상대의 말을 제대로 듣습니다. 하고 싶은 말이 있어도 끝까지 들은 다음 자기 의견을 전달합니다. 이야기를 듣고 몰랐던 점은 질문하며 자기 머리로 이해한 후에 행동하는 거예요. 그래서 공부든 운동이든 원리를 빨리 흡수하고 눈에 띄게 실력이 좋아집니다. 성공 경험을 자주 하니 자신감도 높아지고, 하는 일이 재미있어서 꾸준히 이어갈 수 있지요.

말할 것도 없이 남의 말을 듣는 힘은 학습 능력에도 영향을 미치고, 대인관계를 쌓을 때도 중요합니다. 어떻게 해야 듣는 힘을 길러줄 수 있을까요? 세 가지 비법을 소개합니다.

첫째, 부모가 먼저 듣는다.

하고 싶은 말이 있어도 우선 아이의 이야기를 듣습니다. 초조한 감정을 그대로 말에 담지 말고 일단 멈춥니다. 심호흡을 하세요. 필요하다면 잠시 그 자리를 뜹니다. 마음을 가라앉힌 다음에 우선 아이가 하는 말을 들어보세요.

부모가 "그건 안 돼!"**라며 아이의 행동을 부정하거나 금지하는 말을 빈번히 사용하면 아이는 이야기하는 즐거움을 잃고 마음을 닫고 맙니다.** 그렇게 되면 무슨 말을 해도 아이에게 가닿지 않아요.

듣는 힘을 키울 때 중요한 것은 **'아이의 기분을 받아주고', '누군가 이야기를 들어주어서 기쁘다는 느낌을 맛보게 해주는 것'**, 이 두 가지입니다. 이것이 충족되어 아이의 마음이 채워지고 여유가 생기면 자신도 상대를 기쁘게 하려고 이야기를 듣는 행동의 변화로 이어집니다.

1. 하던 일을 멈춘다.

2. 스마트폰을 내려놓는다.

3. 아이의 눈높이에 맞춰 똑바로 마주한다.

4. 아이의 눈을 본다.

5. 추임새를 넣으며 끄덕인다.

6. "잘했구나! 역시! 그래서?"라고 맞장구를 친다.

7. 관심을 표현하며 즐겁게 듣는다.

남의 말을 경청하는 기본자세입니다. 이것을 실천하며 이야기를 들어주기만 해도 아이의 듣는 힘은 크게 자라날 거예요. 우선 하루에 5분이라도 시간을 만들어서 시도해보세요.

다른 일로 바빠서 이야기를 들을 수 없다면 "지금은 다른 일로 바쁘니까 밥 먹은 후에 들어도 될까?"라며 구체적인 약속을 정합니다. **"다음에", "나중에" 같은 막연한 약속을 해서는 안 됩니다.**

둘째, 구체적인 행동을 긍정적인 언어로 전달한다.

"똑바로 해!", "제대로 좀 해!", "말 좀 잘 들어라" 같은 화법을 쓰면 아이는 어떻게 해야 좋을지 몰라 혼란에 빠집니다. 부정어가 아니라 긍정어를 쓰세요. "그릇 정리를 도와주면 좋겠어"처럼 아이가 해주길 바라는 구체적인 행동을 마음을 담아 전달합니다.

셋째, 이야기를 잘 들었더니 좋은 일이 생기는 경험을 선물한다!

"얘기를 잘 들어줘서 고마워"라고 **아이가 이야기를 잘 들었을 때 고**

마음을 표현하세요. 부모나 선생님이 시킨 일을 했더니 '공부를 잘하게 되었다', '숏이 들어가게 되었다'처럼 좋은 일을 경험하면 그 사람의 이야기를 또 듣고 싶다는 마음이 생깁니다. 아이에게 했던 말이 조금이라도 눈에 보이는 성과로 이어졌다면 "좀 더 빨리 문제를 풀 수 있게 됐네", "도와줘서 정말 고마워"라고 말해주는 것이 효과적입니다.

☞ 끝까지 해내는 아이의 부모는 우선 이야기를 듣는다!

40

잘못을 인정한다

쉽게 포기하는 사람들은 잘못했다고 생각해도 좀처럼 먼저 사과하지 않습니다. '난 나쁘지 않아', '○○가 나빠'라며 주위를 탓하고 자기 잘못을 인정하려 들지 않아요. 나쁜 짓을 해놓고 들키지 않게 숨기기도 하지요.

"잘못했으니까 사과해." 이렇게 부모가 아이에게 사과를 시키는 장면을 자주 목격합니다. 하지만 역효과를 불러오기 쉽습니다. 미안하다고 말만 하면 용서받는다는 잘못된 선례가 될 수 있습니다. **자신의 어떤 행동이 잘못인지, 상대가 어떤 기분을 느끼는지 생각할 기회를 없애는 거예요.** 잘못을 반성하지 않았으니 같은 행동을 몇 번씩 반복하게 됩니다. 친구에게 잘못했을 때 사과하는 이유는 엄마한테 용서받기 위해서는 아닐 거예요. 상처받은 친구에게 미안한 마음을 전하고 싶기 때문이죠. 어떻게 해야 아이가 잘못을 저질렀을 때 스스로 사과할 수 있을까요?

다섯 가지 원칙을 소개합니다.

1. 아이의 감정에 공감한다.

문제를 일으켰을 때 아이는 '큰일났다!'와 '혼날 거야'라는 이중의 두려움으로 감정이 걷잡을 수 없이 흘러넘칩니다. 홍수 상태라고 할 수 있어요. 아무것도 생각할 수 없지요. 우선 그 감정을 받아주는 것이 중요합니다.

"○○의 장난감을 망가뜨려서 슬프구나", "○○가 차례를 지키지 않는 게 화가 나서 때렸구나"라고 **아이의 기분에 공감해주세요**. 우선은 아이를 이해합니다. 필요하다면 꼭 끌어안아 주세요. 그러면 감정이 몸 밖으로 빠져나가서 침착하게 생각할 수 있게 될 거예요.

2. 인격을 부정하지 않는다.

"그래서 넌 안 되는 거야", "내가 널 이렇게 키웠어?"라는 말로 평소 아이의 인격을 부정해왔다면 아이는 상처 입은 채 '난 안 될 거야'라고 생각하게 됩니다. 문제를 일으켜도 상처받기 싫으니까 먼저 사과하지 못하지요.

평소 아이를 칭찬하거나 주의시킬 때 **아이의 행동과 인격을 분리한 후 행동에 초점을 맞추어 말하는 것**이 중요합니다. 그러면 문제가 발생했을 때 자신의 가치와 자신이 저지른 행동을 떼어놓고 생각할 수 있어요. 잘못된 행동을 인정하기 쉽지요.

(칭찬할 때) "착한 아이구나." → "오늘도 집중해서 책을 읽는구나."
(주의시킬 때) "왜 이렇게 게으르니?" → "요즘 지각을 여러 번 한 것 같은데."

3. 무엇에 대해 사과하는지 확인한다.

어떤 행동이 잘못되었는지 아이에게 이해시킵니다. "죄송해요"라고 사과했어도 "어떤 점이 죄송한데?", "어떻게 했으면 좋았을까?", "상대는 어떤 기분일까?"라고 물어보며 **사과하는 이유를 분명하게 알고 있는지 확인**합니다. 뭘 잘못했는지 진심을 담아 자기의 말로 표현하면 아이의 마음이 상대에게 더욱 잘 전달될 거예요.

"네가 열심히 그린 그림을 다른 친구들 앞에서 놀려서 미안해."

4. 사과한 용기를 칭찬한다.

아이가 스스로 생각해서 잘못을 인정하고 사과했다면 그 순간을 놓치지 말고 칭찬하세요. 어른도 사과하려면 용기가 필요합니다. "사과하니까 어떤 기분이 들었어? 마음이 편해졌어? 그 친구는 뭐라고 했어?" 하고 사과함으로써 무엇이 달라졌는지 함께 확인해보세요.

5. 부모가 사과하는 모습을 보여준다.

부모가 아이에게 잘못된 방식으로 화를 냈다면 마음이 가라앉은 다음, 솔직하게 "조금 전에는 엄마가 잘못했어. 그렇게 화낼 일이 아니었는데. 정말 미안해"라고 제대로 미안한 마음을 표현해주세요.

아이가 하길 바라는 행동이라면 부모가 먼저 실천해야 합니다. 사과하는 것은 못난 행동도, 부끄러운 일도 아니에요. 상대와 더 깊은 유대감을 만들어가기 위해 중요한 일이라는 점을 행동으로 보여주세요.

☞ 끝까지 해내는 아이의 부모는 억지로 사과시키지 않는다!

41

분노를 적절하게 표현한다

쉽게 포기하는 사람들은 화내지 않습니다. 아니, 화내지 못하는 거예요. 부당한 상대의 말에 되받아치지 못하고, 괴롭힘을 당해도 자기 기분을 표현하지 못합니다. 그러다가 결국 감정을 억제할 수 없어서 폭발해 버리기도 합니다. 지금까지 문제를 일으킨 적 없는 '착한 아이'가 갑자기 비행으로 치닫거나 자기 방에 틀어박혀 은둔형 외톨이가 되는 사례가 늘고 있어요.

이처럼 '분노'라는 감정을 뚜껑으로 덮어버려서 느낌을 제대로 표현하지 못하는 상태가 지속되면 자기가 진짜 느끼는 감정이 무엇인지 알 수 없고, 감정을 제대로 조절할 수 없게 됩니다.

'분노'는 인간으로서 살아가기 위해 필요한 존엄에 위기가 닥쳤음을 알려주는 신호입니다. 물건처럼 취급되고 있음을 알려주는 경고예요. 자기를 억누르고 참지만 말고, '분노'의 신호를 알아차리고 정말 느끼고 있는 감정을 상대를 존중하는 적절한 방식으로 표현해야 합니다.

이번에는 아이가 적절하게 '분노'를 표현할 수 있게 도와주는 세 가지 방법을 소개합니다.

1. 아이 취급하지 않는다.

"울면 안 돼!", "화내면 안 돼!", "참아야지!" 하며 부모가 아이의 감정을 억누르면 아이는 '감정을 표현하면 안 돼'라고 생각하고 자기 감정을 부정하게 됩니다. 중요한 것은 아이를 한 명의 인격체로 대하는 거예요. 친구나 동료를 대할 때처럼 말이지요. 친구가 울고 있는데 "그런 일로 울지 마!"라고 하지 않지요. "왜 그래? 내가 도와줄 일 있어?"라며 말을 걸 거예요. 동료가 화를 내고 있으면 "기분 나쁜 일 있었어? 괜찮으면 얘기해봐"라고 말합니다. 친구에게 하지 않을 말은 아이에게도 하면 안 됩니다.

2. 분노 아래 숨겨진 진짜 마음을 직시하고 표현한다.

"왜 숙제 안 했어!" "왜 거짓말했어! 널 그렇게 키웠어?" 이처럼 부모가 평소에 감정을 노골적으로 드러내며 화를 내면 아이도 따라 합니다. 반대로 부모가 감정을 억누르고 참는다면 아이도 그렇게 하기 쉽습니다. 심리학에서는 모델링 효과라고 합니다. 아이는 무의식중에 부모의 행동을 관찰하고 실제로 똑같이 행동하게 됩니다. 어린 시절 부모가 나에게 상처를 주었던 방식으로 나 역시 내 아이에게 상처를 준 경험 없으신가요?

부모로서 분노를 적절하게 표출하는 방식을 보여주세요. **'분노'가 아니라 '분노' 아래 있는 진짜 감정을 표현해야 합니다.** 아들러 심리학에서는 '분노'는 2차 감정이며 깊은 곳에 1차 감정인 '진짜 마음'이 숨어 있다고 합니다.

아이가 화를 내는 배경에는 엄마가 늦게 데리러 와서 '외롭고', 아빠가 내 의견을 들어주지 않아서 '슬프다'는 1차 감정, '진짜 마음'이 숨어 있습니다. '분노'의 배경에 있는 '진짜 마음'을 우선 본인이 알아차리고 침착하게 표현해야 하지요. 부모가 먼저 '나'를 주어로 하는 일인칭 화법으로 자신의 감정을 전달하면 좋습니다.

(일인칭 화법 형식) 네가 ○○해서 나는 ○○를 느껴.
"숙제를 안 하고 게임만 하는 걸 보면 엄마는 걱정스러워."
"무슨 일인지 얘기해줘야 해결할 수 있는데, 말해주지 않으니 아빠는 너무 답답해."

3. 아이의 분노 뒤에 있는 1차 감정을 번역해준다.

아이들은 아직 감정을 적절하게 표현하는 법을 모릅니다. 다정한 태도로 물어보면서 진짜 마음을 표현할 수 있게 도와주세요.

"짜증이 난 것 같은데 왜 그러니?", "내일 시험이라 걱정돼서 아까

화를 낸 거구나", "○○가 아끼는 책에 낙서해서 슬펐구나"처럼 **분노의 배경에 있는 1차 감정을 아이가 깨닫게 해주는 거예요.** 진짜 감정을 알게 되면 마음이 진정되고 말로 표현하기가 수월해집니다. 감정이 폭발해서 아무 말도 할 수 없는 상태라면 억지로 말하라고 강요하지 마세요. "도와줄 게 있으면 말해", "하고 싶은 말 있으면 언제든 얘기해"라고 언질만 주어도 아이는 안심할 수 있습니다.

끝까지 해내는 아이의 부모는 화를 1차 감정으로 번역할 줄 안다!

42

적극적으로 소통한다

친구나 이웃이 함께 식사하러 가자고 연락했습니다. 하지만 어제 만들어 놓은 요리가 남아서 그것을 먹을 생각이었는데 갑자기 계획을 바꾸기가 싫습니다. 어떻게 하면 상대를 불쾌하게 만들지 않고 진심을 전할 수 있을까요?

속마음을 어떤 방식으로 표현하는가에 따라 세 가지 소통 방식이 있습니다.

1. 수동적인 소통passive communication

"물론 좋죠!" 요리는 버린다. 상대가 하자는 대로 하며 속마음을 말하지 않는다.

2. 공격적인 소통aggressive communication

“별로 내키지 않네요.” 상대의 기분을 생각하지 않고 자기 생각만 얘기한다.

3. 적극적인 소통assertive communication

“같이 가자고 해줘서 고마워요. 하지만 어제 만들어 놓은 음식이 있어서요. 다음 기회에 함께 가죠.” 나와 상대를 존중하며 속마음을 전달한다.

끝까지 해내는 아이는 3번처럼 적극적으로 소통합니다. 놀고 싶지 않을 때나 험담을 들었을 때 **상대를 화나게 하지 않고 속마음을 전할 수 있습니다.** 이렇게 할 수 있다면 불필요한 일로 눈치 보지 않으니 학교 생활도 훨씬 즐거워질 거예요. 어른이 된 후에도 생각이 다른 사람들과 부담 없는 관계를 맺으며 일할 수 있지요.

적극적인 소통을 익히기 위해서는 부모가 아이와 함께 다양한 사례를 생각하며 고민해보는 것이 효과적입니다. 세 종류의 대화 타입을 설명한 후, 실제로 일어났던 상황을 예로 들며 함께 생각해 보세요. 이때 DESC 대화법을 활용하면 효과적입니다.

친구가 소중한 장난감을 돌려주지 않아 난처한 상황에 적용해 보겠습니다.

1단계 Describe 문제가 일어난 상황과 사실을 듣는다.

“무슨 일이 있었니?” “친구는 (너는) 어떻게 했어?”

2단계 Express 아이의 생각과 기분을 묻는다.

“지금 어떤 생각을 하고 있니?” “어떤 기분이야?”

3단계 Suggest 상대에게 바라는 것을 구체적으로 묻는다.

“친구가 어떻게 했으면 좋겠어?”

4단계 Choose 제안한 것이 실행되면 어떻게 되는지 묻는다.

“그렇게 하면 어떤 점이 좋을까?”

DESC를 통해 물어보면 아이도 의견을 잘 정리할 수 있습니다.

D “어제까지 장난감을 돌려주기로 약속했는데 아직 안 돌려줬어.”

E “친구가 약속을 안 지켜서 난 슬퍼.”

S “약속을 지킬 수 없을 때는 바로 알려주었으면 좋겠어.”

C “그러면 나도 마음이 놓이고, 다시 장난감을 빌려줘도 괜찮아.”

DESC에 대한 아이의 대답을 들었다면 부모가 상대역이 되어서 역할 놀이를 하세요. 처음에는 DESC를 종이에 써서 순서대로 읽어 가는 것도 좋습니다. 저학년이라면 E만 상대에게 말할 수 있어도 충분해요.

끝까지 해내는 아이의 부모는 상대와 나 모두를 존중하는 대화법을 가르친다!

43

의견과 사실을 구분한다

"B는 남을 자꾸 괴롭히니까 같이 안 노는 게 좋을걸?" 초등학교 3학년 때 일이었습니다. A에게 이런 말을 듣고 B와 더이상 놀지 않게 되었습니다. 유치원 때부터 계속 사이좋게 지내왔는데. 나중에 알게 된 사실이지만 정말 심술궂은 것은 A였습니다. 다른 친구들을 험담해서 주목받고 싶어 하는 아이였던 거예요.

쉽게 포기하는 사람들은 **다른 사람의 의견을 사실로 받아들입니다.** 의견이란 '보는 사람에 따라 달라지는 판단이나 생각'이고, 사실은 '증명할 수 있는 객관적인 일'입니다. 친구가 "넌 야구에 재주가 없으니까 그만두는 게 낫겠다"라고 말하면 야구를 그만두고, 선생님이 "영어를 배우면 커서 도움이 될 거야"라고 말하면 영어 공부를 시작합니다. 여기서 친구와 선생님이 말한 것은 모두 의견입니다. 포기하는 사람들은 '의견'과 '사실'을 잘 구분하지 못합니다. 일단 옳다고 믿으면 바뀔 수 없는 사실이 되지요. 한 사람의 의견만 믿고 하고 싶은 일을 포기하기도 합니다.

앞으로 올 정보화 시대에서는 **정보에 휘둘리지 않고, 무엇이 의견이고 무엇이 사실인지 자기 힘으로 식별하는 힘**(정보 리터러시)을 기르는 것이 중요합니다.

이번에는 미국에서 가짜뉴스를 판별할 때 쓰는 CRAP 테스트를 소개합니다. 이 네 가지 질문을 생활 속에서 늘 아이에게 던지면 정보를 그대로 믿는 대신 의견과 사실을 구분하는 힘을 키울 수 있습니다.

이 글을 시작하며 소개한 "B는 남을 자꾸 괴롭히니까 같이 안 노는 게 좋을걸?"이라는 말에 CRAP 테스트를 적용해보겠습니다.

Current (현재성) 최근에 일어난 일인가?

B가 남을 괴롭힌 것은 유치원 때 일일지도 모릅니다. 어느 단계에서 나온 정보인지 확인해야 합니다.

Reliable (신뢰성) 진짜인가? 신뢰할 수 있는가? 실제로 보았는가?

무슨 근거로 'B가 남을 괴롭힌다고 생각하는지'를 물어보세요. A가 그렇게 생각해도 다른 아이들의 생각은 어떤지 모릅니다. 무엇보다 아이 자신이 B를 어떻게 생각하는지가 중요합니다.

"얼마 전에 길에서 인사했는데 대답하지 않았어. 그러니까 성격이

나쁜 것 같아"라고 아이가 말했다면 "성격이 나빠서 인사를 안 한 걸까? 아니면 다른 이유가 있을까? 예를 들어 이어폰을 꽂고 음악을 듣고 있었을 수도 있고, 네 목소리를 못 들었을 수도 있어"라고 확인해볼 수 있지요.

Authoritative (권위성) 그 이야기를 한 사람은 신뢰할 수 있는가?

A가 평소 있지도 않은 일을 말하고 다니는 아이일 수도 있습니다. A는 B가 남을 괴롭힌다고 오해했을 수도 있습니다.

Purpose (목적성) 왜 그 이야기를 알려주었는가?

어쩌면 A는 수영 교실을 그만두고 싶어서 같은 교실에 다니는 B를 핑계 삼으려고 부모에게 그런 이야기를 꺼냈을지도 모릅니다. 모든 정보에는 목적이 있습니다. '상품을 판다', '바이러스의 확산을 막는다', '친구와 친해진다' 등등. **목적을 달성하기 위해 정보를 조작하거나 악의를 가지고 편향된 정보를 흘리는 경우**도 있습니다.

중요한 일이라면 되도록 아이와 함께 직접 확인하세요. 직접 현장에서 손에 넣은 정보는 아이의 재산이 되고 상상력을 자라게 합니다.

☞ **끝까지 해내는 아이의 부모는 대화할 때 의견과 사실을 구분한다!**

44

부모의 인생은 부모의 것

쉽게 포기하는 사람들은 가까운 사람들이 언제든 자신을 위해 헌신해줄 것을 기대합니다. '**부모의 인생은 나의 것**'이라고 생각합니다. 도와달라고 하면 언제든 달려오고, 힘든 일이 있으면 전부 해결해줄 것이라고 믿지요. 부모가 책을 읽든 집안일을 하든 상관하지 않습니다. 늘 만사 제쳐두고 자기 이야기를 들어야 해요. 부모란 자기가 원하는 것을 이루어주어야만 하는 존재니까요.

아이의 이야기를 들어주는 것도, 문제가 생겼을 때 옆에서 도와주는 것도 자기긍정감을 키우는 데 중요합니다. 부모의 애정을 실감하며 소중하게 대접받고 있다는 확신이 자라나기 때문이에요. 특히 유아동기에는 가능한 한 아이의 바람을 들어주고 요구에 응해주는 것이 좋습니다.

그러나 자기를 희생하면서까지 아이의 욕구만 먼저 챙기면 아이는 상대의 기분을 헤아리지 못하는 '응석받이'로 자라날 가능성이 있습니다. 다른 사람은 내 욕구를 채워주기 위해 존재하는 것으로 치부할 수도 있어요. 그러면 학교에서 말썽이 끊이지 않고 친구도 생기지 않을 거예요. 사회에 나가면 더욱 혹독한 현실을 마주하게 됩니다. 자기 이익만 생각하는 사람은 아무도 상대해주지 않을 테니 고립되고 말 거예요.

아이가 할 수 있는 일까지 부모가 대신해 준다면 아무리 시간이 지나도 자립하지 못합니다. 시간이 걸린다는 이유로 부모가 아이의 신발 끈을 계속 묶어주면 아이는 끝내 신발 끈을 묶지 못하게 되지요.

'아이의 행복이 부모의 행복.' 흔히 이렇게 생각하기 쉽습니다. 하지만 '아이가 행복하지 못하면 나도 행복해질 수 없다'며 부모의 인생을 아이에게 거는 것은 위험합니다. 아이가 행복해지면 기쁘겠지만 그것은 아이가 풀어야 할 과제로 두고 **부모와 아이의 인생을 확실하게 분리하는 것이 바람직합니다.** 그래야 아이는 자기 인생에 책임을 질 수 있게 되고, 주위 사람을 자신처럼 존중할 수 있게 됩니다.

아이를 중심에 놓고 살아온 부모님들은 자신의 인생을 살라고 해도 당장 어떻게 해야 할지 모를 수도 있습니다. 이 책을 시작하며 강조한 첫 번째 습관 '자신의 기분 돌보기'와 더불어 오늘부터 할 수 있는 세 가지 행동을 소개합니다.

1. 당당하게 NO라고 말한다.

다른 일정이 있거나 피곤해서 아이의 요구에 응하기 어려울 때는 42번째 습관에서 소개한 적극적인 소통assertive communication 방식을 이용해 '할 수 없다'고 표현합니다. "학교에서 있었던 이야기를 듣고 싶은데 내일 일이 있어서 일찍 자야 하니까 아침에 이야기해 줄래?"

2. 과제를 분리한다.

아이의 요구 내용이 스스로 해결할 수 있는 것이라면 "넌 할 수 있어. 지켜보고 있을 테니까 한번 해봐"라고 말해서 아이가 하도록 합니다. 방법을 모른다면 "이번에는 가르쳐주는 대로 하고, 다음부터는 스스로 해봐"라고 말한 후 알려줍니다. 그러면 아이도 자기가 마땅히 해야 할 일이라고 생각하고 집중해서 이야기를 듣습니다. 다음에 못 하겠다고 해도 도와주지 마세요. 지난번에 약속했는데 기억하지 못한 것은 아이의 책임이니까요. **부모의 과제와 아이의 과제를 분명하게 파악한 후, 부모가 아이의 과제에 개입하지 않아야 아이의 내면에 책임감이 자라납니다.**

아이가 요구하는 대로 응하지 말고 **어떻게 하면 '아이가 스스로 할까?'라는 발상을 토대로 하나씩 대응**하세요. 아이를 위한 설명서를 만들고, 방법과 순서를 동영상으로 찍어두거나 포스트잇에 써서 붙여 놓고, 함께 연습해보는 시간을 갖는 등 아이의 자립을 차근차근 준비하세요. 그러면 육아가 수월해지고 아이도 자립하기 시작합니다.

3. '부모의 시간'을 선언한다.

아이에게 집중하는 시간과 나 자신에게 집중하는 시간을 구분해서 가족이 공유합니다. "밤 8시까지는 숙제를 봐주고 책을 읽어줄게", "일요일 오전은 엄마 혼자만의 시간이야" 이렇게 미리 정해두면 아이가 받아들일 수 있습니다. 상대의 시간을 존중할 줄 알게 되죠.

☞ 끝까지 해내는 아이의 부모는 자신만의 시간을 확보한다!

45

칭찬에 감사할 줄 안다

부모님 앞에서 아이를 칭찬하면 이렇게 반응하시는 경우가 있습니다. "운이 좋았을 뿐이에요!" "아직 부족해요." "뭘요. 까불기만 하고 좀 얌전해져야 하는데." "연습하는 것만큼 늘지 않네요. 팀에 폐만 끼치는 것 같아 걱정이에요. 엄하게 훈련해 주세요."

이런 어른의 말투는 아이에게도 전염됩니다. "난 진짜 못해요. 나보다 잘하는 사람이 얼마나 많은데…"라며 마음을 담은 칭찬을 받아들이지 못하기도 합니다.

자신에게 혼잣말하는 '자기대화'는 잠재의식에 깊게 새겨져서 자아상自我像, self-image에 큰 영향을 미칩니다. '난 절대 못 할 거야'라는 이미지가 만들어지면 자신감이 사라져서 하고 싶은 일이 있어도 도전할 수 없게 됩니다. 나쁜 면만 눈에 들어와서 자신이 싫어지는 자기

부정의 굴레에 빠지게 됩니다. '나는 안 될 거야'라는 마음으로 살아가면 정말 그렇게 됩니다. **말이 아이의 미래를 만드는 거예요.**

끝까지 해내는 아이는 누군가에게 칭찬받으면 "저도 그렇게 생각해요", "감사합니다", "그런 말을 들으니까 기뻐"라고 긍정적으로 반응합니다. 스스로 자신의 좋은 점을 인정하면 '나는 할 수 있어'라는 자신감이 더욱 높아집니다. 실패해도 계속하면 잘하게 된다는 확신이 있으니까 포기하지 않습니다. 이런 성장의 선순환을 이루기 위해 **누군가에게 칭찬받았을 때 그 말을 부정하지 말고 있는 그대로 받아들이는 습관**을 들여야 합니다. 이를 위해 두 가지를 제안합니다.

1. 아이가 칭찬받았을 때 겸손의 미덕은 버린다.

겸손한 태도를 보이는 것이 예의고, 다른 사람의 칭찬을 그대로 받아들였다가는 거만하게 보일지도 모른다고 우려할 수도 있습니다. 하지만 자신에 대한 칭찬을 부정하는 말을 들은 아이는 어떤 기분일까요? 사랑하는 부모님의 인정을 받지 못하고 모두의 앞에서 감추고 싶은 약점이 드러나서 슬픈 표정을 짓는 아이도 있습니다. 그런 경험을 하게 되면 자기가 직접 칭찬받게 되어도 "아직 멀었어요" 하고 부정하게 되죠.

누가 아이를 칭찬한다면 "고맙습니다. 그렇게 봐주시니 기쁘네요" 하고 받아들이세요. 이 말은 아무도 상처 입히지 않습니다. '네가 성장해서 정말 기뻐'라는 메시지가 아이의 마음에도 닿을 거예요. **아이가**

자신에 대해 긍정적인 이미지를 가질 수 있도록 아이에게 긍정적인 말을 한 가득 안겨주세요.

2. '칭찬은 선물'임을 알려준다.

"좋은 말을 했는데 그렇지 않다는 대답이 돌아오면 내가 잘못한 것 같아서 속상한데." 제 상사가 이렇게 말한 적이 있습니다. 저는 상사의 체면을 세워줄 생각으로 대답한 것인데 역효과가 난 것이었어요. 상사는 제가 기뻐하리라고 생각해서 솔직한 마음을 표현한 것인데 거기에 흙탕물을 끼얹어서 돌려받은 기분이었을 거예요. '당신의 선물은 필요 없어요'라는 태도죠. 그때부터 저는 **칭찬을 선물이라고 생각하게 되었습니다.** 아이에게도 이렇게 알려주세요.

"칭찬의 말은 선물이야. 선물을 받으면 뭐라고 말하니? '고마워'일 거야. 기쁜 마음을 말로 표현하는 거지. 칭찬도 마찬가지야. 네가 기뻐할 거라고 생각해서 그 사람은 칭찬의 말을 선물한 거란다. 그런데 '그런 선물은 필요 없어요'라고 말하면 상대는 어떤 기분이 들까? 슬플 거야. 그러니까 그 선물을 잘 받으렴. '고맙습니다', '그런 말을 들으니까 기뻐요'라고 하면서. 칭찬을 듣고 어떤 마음이 들었든 우선은 잘 받는 게 중요한 거야."

☞ 끝까지 해내는 아이의 부모는 칭찬을 선물처럼 받아들인다!

문제 대응

6

46

실패에서 배운다

'실패는 실수를 저지르는 것이다. 실패하면 지금까지 한 노력이 물거품이 된다.' 어른이 될 때까지 줄곧 이렇게 생각하며 살아왔습니다. 초등학생 때는 너무나 좋아하던 농구부에 들어가지 못했고, 좋아하는 아이에게 말도 걸지 못했습니다. 게임을 해도 반드시 이길 수 있는 상대하고만 싸웠고, 못하는 것은 하지 않았어요. 잘 안 됐을 경우를 상상하며 앞으로 나아가지 못했지요.

그래도 그 당시에는 괜찮다고 생각했습니다. 저에게 실패란 죽는 것과 마찬가지로 절대 있어서는 안 되는 일이었으니까요.

끝까지 해내는 아이는 실패를 두려워하지 않습니다. 시합에서 져도, 발표회에서 실수해도, 100점을 맞지 못해도 포기하지 않습니다. '다음에는 반드시 이길 거야'라며 졌을 때의 분함을 발판 삼아 더욱 노력하지요. 이번에는 실패를 두려워하는 아이를 위해 부모가 해줄 수 있는 일을 두 가지 소개합니다.

1. 실패에 대한 관점을 바꾼다.

실패를 두려워하는 아이에게 실패는 '완벽하지 못한 것', '지는 것', '실수하는 것'입니다. 그래서 해본 적 없는 일은 좀처럼 시도하지 못하지요. 100점을 딸 자신이 없기 때문입니다. 아이가 품고 있는 **'실패'에 대한 관념을 바꾸면 마음도 바뀌고 행동도 바뀝니다.** 실패를 보는 시각을 바꿔보세요.

한번 같이 생각해 봅시다. 여러분에게 실패란 무엇인가요? "이것은 실패가 아니다. 전구가 켜지지 않는 만 가지 이유를 발견한 것뿐이다." 전구를 발명한 에디슨이 남긴 명언입니다. 에디슨에게 **실패란 실수하는 것이 아니라 도중에 그만두는 것**이었습니다. 저는 에디슨의 일화와 저의 과거를 소개한 다음 아이들에게 이렇게 이야기합니다.

"진짜 실패는 넘어지는 게 아니라 일어나지 않는 거야. 중요한 것은 예전의 선생님처럼 실패하지 않으려고 못하는 것은 안 하고, 이길 수 있는 상대하고만 싸우는 게 아니야. 끝까지 포기하지 않는 거야. 진짜 실패는 도중에 그만두는 거니까. 최선을 다하지 않는 게 진짜 실패야. 에디슨처럼 실패에서 배우고 연습을 반복하는 게 중요해. 그러면 하고 싶은 일을 할 수 있게 될 거야."

부모의 체험담에 위인의 에피소드를 섞어서 부모 자신의 말로 '실패론'을 전달해보세요. 말로만 끝나면 안 됩니다. 아이가 실수를 하거나 졌을 때 책망하면 아이는 혼란스러울 거예요. 언행일치, 말과 행동이 일치해야 합니다. 아이는 어른이 하는 말 이상으로 어른이 하는 행동에 주목합니다. 뒷모습으로도 말하겠다는 각오로 행동하세요.

2. 실패담을 자랑한다.

이제까지 인생에서 실패했던 경험을 재미있게 각색해서 아이에게 들려주세요. 아이에게 전하는 메시지는 이것입니다. '실패는 누구나 하는 거야. 부끄러워할 것 없어. 그러니까 네가 실패해도 괜찮아.'

부모가 실패하는 모습을 평소에 숨기지 않고 보여주는 것도 중요합니다. 부모로서 아이에게 멋진 모습을 보여주고 싶은 마음은 이해하지만, 완벽한 부모 앞에서는 '실수하면 혼나는 거 아닐까?' 하고 불안해져서 실패를 저지르기 어려워집니다. 완벽하지 않아도 괜찮습니다. 멋지게 보이지 않아도 좋아요. 실패해도 됩니다. 있는 그대로의 모습이 아이에게 도움이 될 거예요.

성장하는 부모의 모습을 아이에게 보여주세요. 처음에는 누구나 초보입니다. 실패에서 배우고 꿈을 이루어가는 모습이 아이에게 용기를 줍니다. '나도 해볼 거야'라는 힘을 주는 거예요. **성공하는 모습이 아니라 성장하는 모습을 보여주는 것**이 중요합니다.

☞ 끝까지 해내는 아이의 부모는 아이에게 실패하는 모습을 보여준다!

47

로직 트리로 생각한다

"하나도 모르겠어요, 어쩌지! 선생님, 어떻게 해요?" 잘 안 풀리는 문제를 만나면 혼란에 빠져 바로 답을 물어보는 아이가 있습니다. 당장 울음을 터뜨릴 것 같아요. 그럴 때 여러분은 어떻게 대응하시나요?

문제를 해결하는 힘은 끝까지 해내는 힘으로 직결되는 매우 중요한 기술입니다. '아침에 잘 일어나지 못했다', '숙제를 마치지 못했다', '친구를 화나게 했다' 등 매일 다양한 문제가 아이들에게 들이닥칩니다. 그런 문제를 자기 머리로 생각해서 해결하면서 부모와 떨어져도 자립할 수 있게 되는 거예요.

어떻게 하면 문제 해결력을 키울 수 있을까요? 제 교실에서는 모든 문제 해결에 대응하는 **'로직 트리'**를 가르칩니다. 아이가 도움을 요청했을 때 로직 트리를 종이에 그리며 함께 해결책을 찾습니다. 다음

3단계를 통해 생각하는 것이지요.

1단계, 문제의 원인을 찾는다.

2단계, 해결책을 생각한다.

3단계, 행동 계획을 결정하고 실행한다.

다음은 '농구부 시합에 나가지 못한다'는 문제를 예로 만들어본 로직 트리입니다.

1단계, 문제의 원인을 찾는다.

"왜 시합에 나가지 못할까?"라며 문제의 원인을 아이에게 물어보세요. 의견이 나오지 않을 때는 "시합에 나가는 사람과 너는 어떤 점이 다를까?"라는 식으로 목표를 달성한 가까운 사람과 비교하면 생각하기 쉬울 수도 있습니다.

아이가 어느 정도 의견을 내놓았다면 부모 의견을 말해도 괜찮습니다. "어떤 이유가 중요할까?"라고 물어본 후 답을 세 개 정도로 줄입니다. '슛을 잘 던지지 못한다.' '시합에 나가면 긴장해서 제 실력을 발휘하지 못한다.' '코치가 원하는 바를 모르겠다.'

2단계, 해결책을 생각한다.

문제의 원인에 대해 "어떻게 하면 해결할 수 있을까?" 질문하며 각

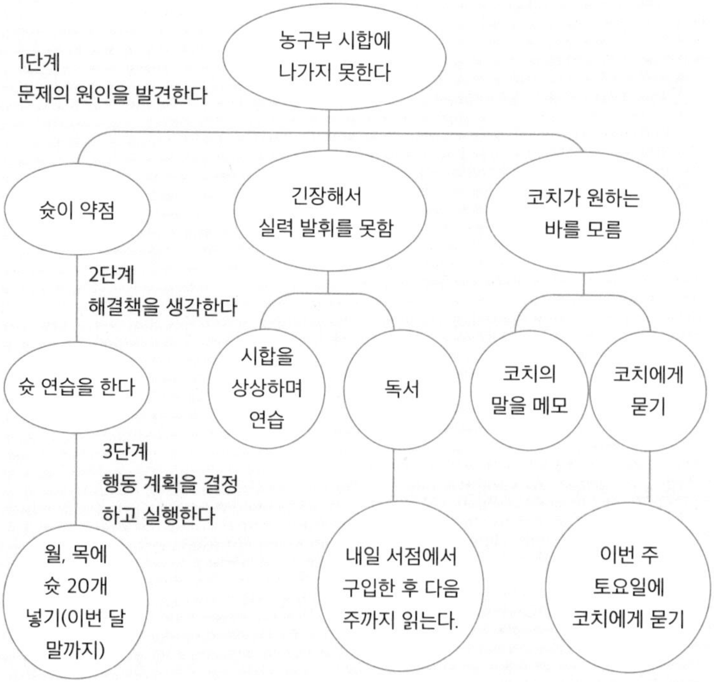

각의 해결책을 생각합니다. 일단 되도록 많이 생각해 보고 그 안에서 우선순위가 높은 것을 뽑아냅니다.

1. 슛을 잘 던지지 못한다. → 슛 연습을 한다.
2. 시합에 나가면 긴장해서 제 실력을 발휘하지 못한다 → 선수들이 긴장하지 않는 방법을 다룬 책을 사서 읽고 시도해본다.

3. 코치가 원하는 바를 모르겠다 → 코치에게 직접 묻는다.

3단계, 행동 계획을 결정하고 실행한다.

행동 계획이 결정되었다면 "구체적으로 얼마나 할래?", "언제까지 할 거니?"라고 묻고 해야 할 일에 기한을 정해서 수치화합니다.

1. 슛 연습을 한다. → 월요일과 목요일에 슛 20개를 넣는다(이번 달 말까지).
2. 긴장하지 않는 법이 소개된 책을 읽는다. → 내일 서점에서 한 권 구입한 후 다음 주까지 읽는다.
3. 코치에게 직접 묻는다. → 이번 주 토요일에 어떻게 해야 시합에 나갈 수 있는지 코치에게 직접 묻는다.

아이가 답을 물어봐도 바로 알려주지 마세요. 함께 이야기를 나누며 답을 끌어내는 방법을 알려주는 거예요.

☞ 끝까지 해내는 아이의 부모는 로직 트리로 함께 생각한다!

48

생각이 감정을 만든다

“사건이 고민을 만드는 것이 아니라 그 일에 대한 나의 불합리한 사고방식이 고민을 만드는 것이다.” 미국의 심리학자 앨버트 앨리스의 말입니다. 앨버트는 일어난 일을 어떻게 파악하느냐에 따라 행동과 감정이 변한다고 보고 ‘ABC 이론’을 만들었습니다.

이 ABC 이론을 알게 되면 사건이나 감정에 휘둘리지 않고 침착한 마음으로 해야 할 일에 집중할 수 있습니다. 발표회에서 실수하거나 친구와 싸워도 ‘나는 안 돼’가 아니라 ‘나라면 할 수 있어’라고 생각할 수 있어요. 고난이 찾아와도 포기하지 않고 나 자신을 믿으며 목표를 향해 나아갈 수 있습니다.

우리 학교에서는 아이들에게 ABC 이론을 가르칩니다. 사건Active event, 신념이나 사고방식Belief, 감정이나 행동의 결과Consequence의

A 사건	B 사고방식	C 결과
엄마가 "빨리 공부해"라고 주의를 주었다.	엄마는 나를 무책임한 아이라고 생각한다.	슬프다. 의욕이 사라진다. 공부하지 않는다.
	엄마는 내가 마음먹으면 잘할 수 있는 아이라고 생각한다.	기쁘다. 의욕 상승. 공부한다.

관계를 다룬 이론입니다. '엄마가 빨리 공부하라고 잔소리해서 스트레스로 의욕이 사라져 공부를 하지 않는다'는 경우를 ABC 이론을 통해 생각해 봅시다.

'엄마에게 주의를 받았다'는 사건(A)이니까 바꿀 수 없습니다. 하지만 사고방식(B)은 '나를 위하는 마음에서 주의를 준 것이다'라는 식으로 바꿀 수 있어요. 사고방식이 바뀌면 감정과 행동이 바뀌고, 나아가 인생이 바뀌게 됩니다. **사건이 아니라 사고방식이 우리를 행복하게 하는 거예요.** 이렇게 생각하는 법에 익숙해지면 앞으로 어떤 일이 일어나도 나다움을 잃지 않으며 적극적으로 살아갈 수 있지 않을까요?

ABC 이론을 아이에게 가르쳐 주세요. 이때 고려해야 할 세 가지를 소개합니다.

1. ABC를 그림으로 그린다.

아이가 최근 겪은 '슬픈 일'이나 '화났던 일'에 ABC 이론을 적용해 그림으로 그립니다. 이미 감정이 해결된 사건을 예로 들면 객관적으로 생각할 수 있으므로 아직 익숙하지 않은 단계에서 유용합니다.

2. 다른 사고방식(B)을 발견한다.

사고방식에 주목해서 다르게 생각할 수 없는지 모색합니다. 예를 들어 '시합에서 진 것이 너무 슬퍼서 연습할 수 없다'는 사건을 다음과 같이 ABC로 정리했다고 합시다.

(사건) 시합에서 졌다.
(사고방식) 이기지 못하면 연습한 의미가 없다.
(결과) 슬퍼서 연습할 수 없다.

"이기지 못하면 그동안 연습한 게 아무 소용 없는 걸까?"라고 물어보거나 "시합에서 져서 좋은 점이 있다면 무엇일까?"라는 식으로 관점을 바꾸어서 물어보세요.

"시합을 위해 연습을 해서 슛 실력이 늘었다." = 시합에는 졌지만 실력은 늘었다.
"드리블에 미숙하다는 것을 알았다." = 다음 연습 목표가 생겼다.

3. 사고방식을 고른다.

아이가 몇 가지 의견을 내놓으면 "다양한 방식으로 생각할 수 있구나. 어떻게 생각해야 나도 성장할 수 있고, 기분도 좋아질까?"라고 물어봐서 아이가 사고방식을 고를 수 있게 합니다. 사고방식을 고른 후 기분이 어떻게 바뀌었는지 물어보는 것도 좋습니다. 다양하게 생각하는 법에 익숙해지면 스스로 인생을 선택할 수 있게 될 거예요.

☞ 끝까지 해내는 아이의 부모는 행복해지기 위한 사고법을 가르친다!

49

예상치 못한 일을 즐긴다

예고 없이 일정이 바뀌거나 평소와 다르게 상황이 전개되면 아이가 어쩔 줄 몰라 당황하나요? 함께 놀 예정이었던 친구가 갑자기 열이 나서 못 놀게 되거나, 놀이공원에 갈 예정이었는데 갑자기 비가 오거나, 쇼핑몰에 물건을 사러 갈 예정이었는데 목적지를 다른 마트로 변경하거나 할 때 아이가 스트레스를 크게 느끼나요?

쉽게 포기하는 사람들은 계획대로 일이 진행되지 않으면 불안해합니다. 계획이 틀어지거나 문제가 생기면 머릿속이 새하얘져 우왕좌왕하지요. 장난감을 가지고 놀 때도 자기만의 방식이 있어서 생각처럼 되지 않으면 분통을 터뜨립니다. 또 새로운 일을 시작할 때는 "이렇게 하면 돼? 맞아?" 하며 몇 번씩 확인합니다. 어떤 일이든 자기가 예상한 대로 하고 싶은 거예요. 앞이 보이지 않으면 겁이 나지요.

계획을 세우고 진행하는 것, 자기만의 루틴을 가지고 노력하는 것, 모두 중요합니다. 미리 해야 할 일을 정해두면 망설이지 않고 집중할 수 있어요. 하지만 **집단생활을 하다 보면 예상치 못한 일이 일어납니다.** 비가 와서 고대하던 피구를 못 할 수도 있고, 장난감도 다른 친구들과 함께 써야 하지요.

어릴 때는 울고 소리 지르면 대부분의 일이 원하는 대로 되었을 거예요. 하지만 초등학교만 들어가도 그렇지 않습니다. 멋대로 굴고 자기만 아는 아이라며 친구들에게 미움을 사서 함께 놀기 어려워질 거예요.

'끝까지 해내는 아이'는 **예상치 못한 일이 벌어져도 동요하지 않습니다.** 기대했던 피구를 비 때문에 할 수 없게 되어도 교실에서 할 수 있는 일을 찾아보고 술래잡기를 시작합니다. 장난감을 독차지할 수 없어도 "이런 거 해볼까?" 제안하며 친구와 함께 새로운 놀이를 만들어내지요. 생각대로 되지 않아도 그 상황 속에서 즐길 줄 압니다.

어떻게 해야 아이가 예상 밖의 일에 침착하게 대응할 수 있게 될까요? 새로운 상황에 불안해하는 아이를 대할 때 적용할 수 있는 두 가지 방법을 소개합니다.

1. 미리 알리고, 납득할 수 있는 이유를 댄다.

예상 가능한 변수를 알려줍니다. "비가 오면 놀이공원에 안 갈 수도 있어", "친구가 오면 장난감을 빌려줄 수 있니?" 아이의 이야기를 들으며 실망한 감정을 인정하고, 아이가 이해할 수 있는 이유로 설명해주세요.

미리 약속한 일이어도 놀다 보면 까먹을 수 있습니다. "30분 후에 출발해야 해", "이제 15분 남았어", "5분 남았어"처럼 자주 공지하면 아이도 어느 정도 마음의 준비를 할 수 있습니다.

2. 플랜B를 함께 만든다.

계획이 바뀌었을 때는 함께 새로운 계획을 짜세요. 플랜B입니다. "피구는 못 하게 됐지만 다른 할 일은 없을까?", "여행은 취소됐지만 집에서 다른 재미있는 일을 할 수 없을까?"라고 물어본 후 함께 생각해 봅니다. 무엇을 할지 상상할 수 있다면 기분도 훨씬 안정될 거예요.

새로운 계획이 차질 없이 진행되는 경험이 쌓이면 계획이 어긋나도 평정심을 지킬 수 있습니다. 예상치 못한 문제나 사고가 일어나도 자기 힘으로 할 수 있는 일을 찾아서 침착하게 대처할 수 있을 거예요. 익숙해지면 처음 계획을 세울 때부터 문제가 일어날 경우를 대비한 플랜B도 준비할 수 있게 됩니다. 이렇게 되면 참 든든하겠지요.

☞ 끝까지 해내는 아이의 부모는 예상치 못한 일을 함께 즐긴다!

50

좌절을 극복한 경험이 있다

저녁 식사 시간까지 돌아오기로 약속한 아이가 오지 않습니다. 이럴 때 어떻게 하시나요? "아이가 식사 시간이 되어도 돌아오지 않는다면 혼내는 대신 식사를 주지 않으면 된다. 벌을 주는 것이 아니다. 결과를 알려주기 위해서다."

아들러의 교육 철학입니다. 식사 시간을 지키지 않으면 식사가 없음을 사전에 아이와 약속하고, 그 약속을 지키지 않았을 경우에는 "약속 시간에 늦었으니까 식사는 없단다"라고 약속대로 대처합니다. 아들러 심리학에서는 이처럼 **아이에게 결과를 체험시키는 교육**을 중요시합니다. 차가운 부모라는 생각이 드시나요? 어쩌면 참된 다정함일지도 모릅니다. 물론 아이가 냉장고에서 간식을 꺼내먹을 수도 있고, 스스로 간단한 요리를 만들어 먹을 수는 있습니다.

미국에서는 헬리콥터 부모가 사회문제로 부상했습니다. 헬리콥터 부모란 "토론 클럽에 들어가면 똑똑한 애들을 사귈 수 있으니까 엄마가 클럽 신청해놨어", "운동부 선생님들과 얘기해서 일정표 짰어." 하면서 **선수를 쳐서 장애물을 모두 없애 아이가 꽃길만 걷도록 해주려는 부모**를 말하지요.

소중한 아이가 고생하지 않길 바랍니다. 시행착오를 거치지 않고 성공 경험만 쌓으면 좋겠지요. 안전한 성공의 고속도로를 만들어 그 위를 걷게 하고 싶은 거예요. 그것이 아이를 위한 방법이라고 믿고서.

하지만 그러면 '스스로 생각해서 스스로 해결하는 경험'과 '실패에서 배우는 경험'을 아이로부터 빼앗는 셈이 됩니다. '슬프다', '분하다', '초조하다' 같은 부정적인 감정을 마주할 기회가 줄어들어서 **감정을 통제하는 힘과 역경을 딛고 일어나는 힘(회복탄력성)이 자라지 못해요.** 힘든 일이 생기면 견디지 못하고 포기해 버립니다. 누가 시킨 일밖에 못 하는 '지시 대기형 인간'으로 자라날지도 모릅니다.

힘든 경험을 시키고 싶지 않다는 마음은 이해하지만 힘든 경험이 꼭 나쁜 것은 아닙니다. **부정적인 감정은 인간이 성장할 때 빼놓을 수 없는 요소**예요. 과거를 돌아보면 우리를 자라게 한 인생의 분기점에는 분명 '부정적인 감정을 동반하는 체험'이 있을 거예요. 힘든 경험은 무언가를 배울 기회입니다. 부모가 나서서 아이의 문제를 해결해버리면 아이는 성장할 기회를 잃게 됩니다. 곤경을 극복하는 힘이 자라지 않아요. **힘든 일은 나쁜 일이 아닙니다.** 부모에게서 떨어져 자립하기 위한 중요한 한 걸음이에요.

"괜찮아?", "참 걱정이다"라는 말을 입버릇처럼 아이에게 하지 않습니까? 애정에서 나오는 말일 테지만 걱정한다는 명목으로 **'네가 정말 할 수 있을지 불안해. 네 능력을 믿을 수 없어'**라는 메시지를 아이에게 보내고 있는 거예요.

심리학에는 **피그말리온 효과**라는 것이 있습니다. **'인간은 주위 사람이 기대한 결과를 내놓는 경향이 있다'**는 거예요. 부모가 아이에 대해 '능력이 없다', '잘하지 못할 것 같다', '역경을 이겨낼 힘이 없다'라고 생각하고 있다면 아이는 정말 그런 사람으로 자라납니다. 도전하지 않고 성장하지 않아요. 언제까지고 자립하지 못합니다.

아이의 성장을 바란다면 **'걱정'하지 말고 '신뢰'하세요.** 너는 반드시 그 벽을 넘어설 것이라고 믿어주는 것이 여러분이 보낼 수 있는 가장 큰 응원입니다. 물론 위험한 일이나 다른 사람에게 폐를 끼치는 일이라면 적극적으로 개입해야겠지요. 그렇지 않은 경우라면 아이에게 맡기고 "무슨 일이 있으면 얘기해줘"라고 언질을 준 후 애정을 갖고 지켜보세요.

도움을 구한다면 "이러면 어떨까?"라고 물어보며 함께 답을 찾아보세요. 여러분은 선생님이 아닙니다. 스스로 생각하고 행동해서 나온 '결과'가 아이들의 선생님이에요. 그러니 약속한 식사 시간에 돌아오지 않았다면 밥을 주지 않습니다. 소풍 갈 짐을 싸느라 고생해도 도와줄 필요 없어요. 믿고 맡기세요. **대신 해주고 싶은 그 마음을 참는 것이**

야말로 부모의 가장 큰 과제입니다.

☞ 끝까지 해내는 아이의 부모는 걱정하는 대신 신뢰한다!

나오는 말

이 책에 수록한 내용을 전부 실천한다 해도 자녀가 '끝까지 해내는 아이'로 자라난다고 보장할 수는 없습니다. 이 책에 있는 행동 습관들을 실천하면 합격이고, 그렇지 못하다면 불합격이라고 생각한다면 오히려 역효과가 날 수 있습니다. 그렇게 평가하는 자세가 아이에게, 또 부모에게 부담을 주기 때문입니다.

마지막으로 꼭 드리고 싶은 말씀은 육아는, 아니 인생은 '새옹지마'라는 것입니다.

> 한 노인이 소중히 여기던 말이 도망갔다. 어느 날 그 말은 여러 말을 이끌고 돌아왔다. 몇 개월 후 노인의 아들이 말을 타다가 떨어져 다리가 부러졌다. 그 덕분에 아들은 전쟁에 끌려가지 않아 목숨

을 부지했다.

이 이야기의 교훈은 **이미 일어난 일에는 '좋고 나쁨'이 없다**는 것입니다. '좋다'고 생각한 일이 불행을 야기하고, '나쁘다'고 생각한 일이 행운을 불러오기도 합니다. 미래는 예측할 수 없어요. **'무슨 일이 일어나도 괜찮다는 마음으로 기다리자'**, 이것이 이 우화가 주는 교훈입니다. 자녀교육도 마찬가지입니다. 아이의 행동 하나하나에 일희일비할 필요는 없습니다.

앞으로 매일 다양한 일이 펼쳐지겠죠. 아직 시작하지도 않았으면서 "숙제 다 했어요"라며 거짓말을 할 수도 있어요. 약한 동생을 괴롭혀서 나무랐더니 "왜 나한테만 그래요?"라며 되바라진 말대답이 돌아올 수도 있습니다. 진흙 묻은 발로 방안에 들어오고, 거실에는 벗어 던진 옷이 널려 있고…. 그런 아이에게 자기도 모르게 큰 목소리로 짜증을 터뜨릴 수도 있을 겁니다. 진짜 화를 내야 말을 들으니까 어쩔 수 없다고 생각하면서도 큰 소리를 냈다는 사실에 침울해져서 자는 아이의 얼굴을 보며 못난 부모라 미안하다고 자책하기도 하겠죠. 육아를 힘들어하고 자신감을 잃어가는 부모님을 많이 만나왔습니다. 이미 일어난 일에 발목이 잡히면 아이는 쑥쑥 자라지 못하고, 부모 역시 괴로워질 거예요.

육아는 새옹지마입니다. 긴 안목으로 보면 좋기만 한 일도 없고, 나쁘기만 한 일도 없어요.

저는 초등학교 시절 최고의 명문 학원에 다녔습니다. 학교 성적도 최상위권이었어요. 하지만 반에서는 친구들에게 미움을 사서 2년 동안 따돌림을 당했습니다. 외톨이였지만 공부에 집중한 덕인지 제1지망 사립중학교에 합격할 수 있었어요. 입시 공부도 끝났으니 너무도 하고 싶었던 농구에 전력을 기울였지만, 후보 자리를 벗어나지 못해 자신감을 잃고 동아리에서 나왔습니다. 할 일이 없어서 아르바이트를 시작했다가 귀여운 여자친구를 만났지만 3개월 후에 차였어요. 그런 일의 연속이었습니다.

아이는 우리가 그랬듯 다양한 일을 경험하고, 그 안에서 무언가를 배우며 성장합니다. 부정적으로 생각되는 경험이 오히려 아이에게 살아갈 힘을 줄 수도 있어요. 물론 학대나 폭력은 평생 트라우마로 남을 수 있으므로 무조건 막아야 합니다.

아이를 위해 최고의 환경을 준비했다 해도 아이에게는 최악의 결과를 가져다줄지도 모릅니다. 그 반대의 경우도 있을 수 있겠지요. 아이를 믿을 것. 아이의 인생에 지나치게 간섭하지 말 것. 실패할 기회를 빼앗지 말 것. 적절한 거리에서 지켜볼 것. 이것이 부모의 역할입니다. 그저 옆에 있어 주어서 기쁘다는 마음과 무슨 일이 있어도 너의 편이라는 것만 아이에게 전해지면 충분합니다.

각자 자신에게 맞는 육아법을 찾으면 됩니다. '이렇게 해야 한다'에 얽매이지 말고 '이렇게 하고 싶다'를 소중하게 여기세요. 꾸미지 않은 있는 그대로의 모습으로 나답게 빛나세요. 부모님 자신의 인생을 사세요. 이제까지 어떤 식으로 아이를 키워왔든, 그 과정 속에 아이를 슬프게 한 일이 있다 해도, 여러분이 앞으로 어떻게 아이와 관계를 맺느냐에 따라 아이의 미래는 완전히 달라질 것입니다.

어떤 일이 일어나도 괜찮습니다. **일어난 모든 일이 최선입니다.** 이 책을 읽고 부족한 부모라는 느낌이 들거나 '읽어봤자 따라 하기 어려워'라는 생각이 드는 분도 계실 거예요. 세계 어디를 뒤져도 완벽한 부모는 없습니다. 사람은 누구나 많든 적든 부모에게서 받은 상처를 안고 살아갑니다. 우리 부모도 우리와 마찬가지로 상처가 있어요. 그렇다고 그 연쇄를 끊을 수 없는 것은 아닙니다. 어른이 되면 **자신이 그렇게 키워지길 바랐던 방식으로 자신을 다시 키울 수 있습니다.**

이 책은 어디까지나 '육아서'지만 한편으로는 어른이 자신을 위해 실천했으면 하는 것을 쓴 책이기도 합니다. 나 자신의 엄마가 되었다는 마음으로 아이뿐 아니라 자신에게도 활용해보세요. 그러면 내가 나를 다시 키운 것처럼 아이를 키울 수 있게 될 거예요.

자신의 마음을 돌보는 것보다 중요한 일은 없습니다. 우선은 자기 마음을 채우는 것부터 시작하면 어떨까요? 지금, 이 순간을 최대한 즐기며 살아가세요.

저를 길러주신 아버지와 어머니, 그리고 함께 자란 동생에게 감사를 전합니다. 안전한 궤도에서 벗어나 걱정을 끼치기도 했지만 저는 저답게 살고 있습니다. 곤란할 때 언제나 힘이 되어주는 처가 어른들에게서 도전의 소중함과 가족의 유대감을 배웠습니다. 이 자리를 빌어 감사의 마음을 전합니다.

그리고 언제나 나를 있는 그대로 받아주고, 때로는 따끔한 말을 던져주는 인생의 파트너, 나의 아내. 당신이 있어서 나는 늘 나답게 있을 수 있습니다. 최고의 나를 표현할 수 있어요. 정말 고맙습니다.

마지막으로 여기까지 읽어준 여러분이 아이와 함께 하는 일에 기쁨을 발견하고 나다운 하루하루를 보내는 일에 이 책이 조금이라도 도움이 되었다면 그보다 행복한 일은 없을 것입니다.

옮긴이 송지현

한국외국어대학교 일본어과 졸업, 동 대학원 일어일문학과 석사 과정을 수료했으며, 도쿄대학교 대학원에서 인문사회계연구과(일본문화연구 전공) 석사 학위를 취득했다. 현재 번역 에이전시 엔터스코리아 출판기획 및 일본어 전문 번역가로 활동하고 있다. 역서로 『0-1세 아기 교육』『생각 비우기 연습』『어린이를 위한 SDGs』『어린이 젠더』『어린이 철학 카페』『어떤 전쟁』『조사하고 비교하고 기억하는 힘이 생기는 똥 도감』『올빼미 연구 노트』『곤충들의 축제』『북극에 가 본 적 있나요?』『숲속의 모우』『빛나 요정과 함께하는 책상 정리 대작전』 등이 있다.

노벨경제학상 수상자가 밝혀낸 성취와 행복의 비밀

끝까지 해내는 아이의 50가지 습관

1판 1쇄 발행 2022년 5월 1일

지은이 오카자키 다이스케
옮긴이 송지현
디자인 김희량
마케팅 용상철
인쇄 도담프린팅

펴낸이 백지선
펴낸곳 또다른우주
등록 제2021-000141호(2021년 5월 17일)
주소 03925 서울시 마포구 월드컵북로 400 (상암동) 5층 13호
전화 02-332-2837
팩스 0303-3444-0330
블로그 https://blog.naver.com/anotheruzu

ISBN 979-11-977363-2-2 13590

여러분의 투고를 기다리고 있습니다.
기획 아이디어와 원고가 있으신 분은 anotheruzu@gmail.com로 연락주십시오.